职业教育 烹饪专业 教材

烹饪基本功

主　编　宁丰钧　宁丰贤
副主编　王世豪　杨　柳
参　编　黄明超　陈　洁

重庆大学出版社

内容提要

烹饪基本功是职业教育烹饪专业的一门基础必修课程，是中式烹调、中西式面点课程的基础。通过基本功一体化教学，学生在烹调、面点基本功学习与训练的过程中，理论与实训同步进行，相辅相成，每次学习完一个项目，就能使烹饪技艺进一步提高。

本书遵循科学性、实用性、先进性、规范性、以人为本的原则，在编写过程中注重一体化教学的知识内容。本书主要内容包括：抛锅基本功、刀工训练、面点基本功、中餐菜肴烹饪技法训练等。全书以烹饪基本功与菜肴制作、面点基本功与面点制作上承下接的教学模式，让学生在学习的过程中，既训练了基本功，又学会了一些基本菜肴、基本面点的制作方法，为整个烹饪学习打下良好的基础。

本书适合职业教育烹饪专业学生使用，也可作为烹饪从业者的参考用书。

图书在版编目（CIP）数据

烹饪基本功 / 宁丰钧，宁丰贤主编. -- 重庆：重庆大学出版社，2021.8（2023.7重印）
职业教育烹饪专业教材
ISBN 978-7-5689-2686-7

Ⅰ.①烹… Ⅱ.①宁…②宁… Ⅲ.①烹饪—方法—职业教育—教材 Ⅳ.①TS972.11

中国版本图书馆CIP数据核字（2021）第082362号

职业教育烹饪专业教材
烹饪基本功
主　编　宁丰钧　宁丰贤
策划编辑：沈　静
特约编辑：石孝云
责任编辑：李桂英　　　版式设计：沈　静
责任校对：王　倩　　　责任印制：张　策
*
重庆大学出版社出版发行
出版人：饶帮华
社址：重庆市沙坪坝区大学城西路21号
邮编：401331
电话：（023）88617190　88617185（中小学）
传真：（023）88617186　88617166
网址：http://www.cqup.com.cn
邮箱：fxk@cqup.com.cn（营销中心）
全国新华书店经销
重庆愚人科技有限公司印刷
*
开本：787mm×1092mm　1/16　印张：6.75　字数：176千
2021年8月第1版　　2023年7月第2次印刷
印数：3 001—5 000
ISBN 978-7-5689-2686-7　定价：35.00元

前 言

为了更好地执行《国务院关于加快发展现代职业教育的决定》（国发〔2014〕19号），构建现代职业教育体系，我们在现代教学的基础上，依据这几年学生对专业的学习兴趣需求，适当地改变原有的烹饪基本功教学，把先练刀工改成先练抛锅基本功，这样的安排让学生更加有兴趣学习，为后期练刀工节省原料奠定基础，以便传授能力和职业素质培养紧密结合起来，增强课程改革的灵活性、适应性，满足现代烹饪基本功的要求以及社会进步和专业发展等具体要求。

本书在编写过程中，既尊重了本课程知识结构的传统特点，又结合了现代教学心得成果，注重核心知识的应用性、可操作性和艺术性，教学内容详细、全面，操作步骤标准、规范，操作过程细致、完整。本书的知识深浅程度符合现代职业教育教学实际，难易适中，达到让学生提高学习的兴趣与积极性的目的。

本书主要包括烹调过程中应具备的抛锅基本功、刀工训练、面点基本功和中餐菜肴烹饪技法训练4个模块，对烹饪基本功操作训练做了详尽、系统的说明。这些模块中的训练项目搭配使用，能起到强化训练效果的作用。

本书为职业教育烹饪专业烹饪基本功第一学期课程的教材。烹饪基本功课程共计授课148课时，具体课时分配参照如下，但在教学中可以灵活变通。

模块内容	项目内容	任务内容	课时分配/节
模块1 抛锅基本功	项目1 翻（抛）锅（镬 huò） 基本功训练	任务1　翻（抛）锅（镬）的基本操作要求	8
		任务2　推拉翻（小翻）、（小抛）	8
		任务3　侧翻、旋锅、大翻锅	8
		任务4　侧翻锅、前翻出锅两种手法	8
模块2 刀工训练	项目2 刀具及刀法训练运用	任务1　磨刀训练	3
		任务2　刀工基本姿势训练	1
		任务3　直刀法	4
		任务4　平刀法	4
		任务5　斜刀法	4
		任务6　剞刀法	4
		任务7　原料的成型方法	4

续表

模块内容	项目内容	任务内容	课时分配/节
模块3 面点基本功	项目3 面点的揉面出体手法	任务1 和面、揉面和搓条的技巧和方法	8
		任务2 出体（下挤）	8
		任务3 制皮	8
		任务4 成型（捏法）	8
模块4 中餐菜肴烹饪技法训练	项目4 冷菜技法训练	任务1 生拌菜肴训练	4
		任务2 熟拌菜肴训练	8
	项目5 热菜技法训练	任务1 炒制菜肴训练	40
		任务2 炸制菜肴训练	8
合计			148

由于个人水平所限，书中难免存在不妥之处，敬请各位老师批评指正。

编　者
2021年6月

Contents
目　录

模块4　中餐菜肴烹饪技法训练

烹饪专业学前10条安全教育

1. 工作服穿戴整齐，工作帽穿戴工整。不穿工作服、不戴工作帽者不得入内。个人物品要放到存储柜中，不得乱放。

2. 学生不得穿高跟鞋、拖鞋、洞洞鞋等进入实训室，一律穿长裤，不得留长指甲，不得佩戴首饰，不得涂指甲油进入实训室。

3. 在实训室不得嬉戏打闹，严格按照老师要求进行操作。

4. 操作过程中，要做到地面无水迹，垃圾、杂物不得掉到地面上，要有专用的垃圾盆。

5. 操作过程中，所有物品一律放在操作台上，不得放在地面上。

6. 注意节约，可用的原料不得扔掉。

7. 不得带零食到实训室。

8. 提前10～20分钟进实训室做准备工作，不得迟到、早退，中途离开必须履行请假手续。

9. 学生实训成品，未经教师同意，不得擅自食用和带出实训室。

10. 下课后做好实训室物品摆放及环境卫生，老师检查后方可离开。

烹饪基本功在烹饪学习中的重要性

　　烹饪基本功是烹饪专业的基础，无论烹制何种菜肴、美点，采用何种烹调技法，都离不开烹饪基本功。烹饪基本功是一名出色的厨师必不可少的一门技术。如果没有牢固掌握烹饪基本功，后面学习其他课程也很难跟上步伐。在烹饪过程中，烹饪基本功是操作者必须具备的、最基本的技能。只有掌握了这项技能，才能烹制出色、香、味、形、艺俱佳的佳肴美点，创造出新佳肴美点。

　　在教学过程中，学生应认真练习烹饪基本功的操作技能，教师也应耐心传道授业。在几年教学中，作者发现，教学时应该注意学生来源、家庭、教育背景等因素，然后按学生的特性设计所教的课程内容。在教烹饪基本功时，研究学生的学习意向，然后安排课程，让学生换个角度来学习，这样学生的积极性也提高了，课程的质量也会不断提高。

　　烹饪基本功包括抛锅基本功、刀工训练、面点基本功、中餐菜肴烹饪技法训练等知识，是一门实践性很强的课程。目前，许多新设备、新工艺在烹饪实际工作中广泛应用，大大提高了烹饪工作效率。在比较好的餐饮企业，搅拌机、切片机、压片机、高压电炒锅等成了厨师常用的厨房设备。这些设备具有加工工艺优良、规格一致、加工速度快、环保安全等特点。随着新设备的广泛应用，传统的手工加工工艺越来越不受重视。一些厨师，尤其是年轻厨师，过分依赖这些机械设备，严重影响了他们苦练烹饪基本功的热情。一些刚入门的厨师，认为只要炒好菜肴就可以了，烹饪基本功在其思维中已经不重要，对多项烹饪基本功的练习通常弱化，这种做法是不可取的。学生必须纠正这种错误的思想，投入大量的精力、时间，做好烹饪基本功的训练学习。

　　具备扎实的烹饪基本功是成为一名出色厨师的基本要求。对一名厨师来说，烹饪综合知识固然重要，但更重要的还是这名厨师有没有过硬的烹饪基本功。许多传统名菜需要牢固的烹饪基本功做铺垫，这些菜品原料高档，制作讲究，实际操作中难度较大，普通厨师在一般情况下很难将它们做好。如果烹饪基本功不行，怎么能做出合格的佳肴？在平时的练习中，厨师要姿势正确、动作规范，养成良好的职业道德和精益求精的心态。正确的烹饪基本功动作是能加工出色、香、味、形、艺俱全的菜肴的重要保证，不规范的动作不仅无法加工出合格的佳肴，而且可能会对操作者的身体造成伤害。只有扎实学好烹饪基本功，才能更好地加工出佳肴。

另外，研究烹饪基本功的理论体系也是十分重要的。现代餐饮业对人才的需求正在由技能型、工匠型向知识型、科技型转变。虽然传统的烹饪基本功还是以手工操作为主，但是在操作时要注意加工过程中的一些变化，如花刀形成机理、刀工对肉馅持水力的影响、大翻锅的力学分析等。虽然烹饪设备可以在厨房的部分加工环节上起到一定的作用，但烹饪设备不可能完全代替烹饪手工操作，未来烹饪基本功仍是非常重要的。科技以人为本，佳肴也是人性化的产品，因此，在运用现代科技的同时，也不能遗忘烹饪基本功，使我国传统的烹饪工艺得到更好的发展。

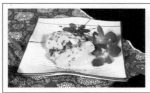
肉炒滑蛋

榨菜蒸牛肉

孜然鱿鱼

豉汁蒸排骨

抛锅基本功

项目1 翻（抛）锅（镬 huò）基本功训练

本项目包括勺功的基本操作姿势、推拉翻、侧翻、旋锅、大翻锅、侧翻出锅、前翻出锅等内容，由浅到深，以便学生融会贯通。本书以项目任务为载体，以学生的认知规律为依据，采用由简单到复杂的规律设计教学项目和教学任务，并组织知识内容，尽量使每一个知识点都有实例可依，有项目任务可循，充分体现了"项目驱动、任务引导"以学生为中心的方式。通过对这些项目任务的学习，学生不仅可以掌握知识，而且能熟练运用。

任务1 翻（抛）锅（镬）的基本操作要求

【学习目标】

1. 技能目标：通过训练，学生掌握翻锅基本功训练姿势，进而掌握翻锅方法和技巧。

2. 情感培养：通过训练培养学生自主学习，学生学会礼貌、礼仪，人与人之间的沟通方法和方式。

翻锅基本功

【问题导入】

1. 翻锅功的基本训练姿势有哪些？

2. 翻锅功训练中需要注意的动作要求有哪些？

【学习内容】

1）基本要求

①平时注意锻炼身体，多练习哑铃或单手提物以增强体质和持久的臂力和腕力，坚持不懈地进行翻锅基本功训练，增进熟练程度，掌握各种翻锅法的训练技能。

②训练规范，训练时精神要集中，动作要准确、快速、利落，注意安全。

③注意训练过程的清洁卫生和各种厨具的正确使用，并注意对器具的维护与保养。

④掌握和熟练烹调方法，根据烹调方法和制作的菜品不同，灵活运用各种翻锅手法。

⑤要使用正确的训练姿势，基本功训练过程中就要形成高素质的生产观念和规范训练的良好习惯。

2）基本训练姿势

关于翻锅功的基本训练姿势，主要从方便训练、提高工作效率、减少疲劳和确保身体健康等方面考虑。

临灶训练时，两腿自然分开站稳，上身略向前倾，不可弯腰驼背，身体与炉灶保持10～15厘米的距离，目光注视锅中沙粒或玉米粒的变化，左手紧握铁锅耳左边90°的弧形，随着锅内沙粒或玉米粒的变化而有节奏地训练。一般是以左手持炒锅，运用臂力和腕力进行翻锅法训练，右手持炒勺，由中指、无名指和小指与手掌握住勺柄的尾部，三指弯曲起到握紧炒勺的作用，食指伸直，扶在勺柄上，拇指伸开按住勺柄的左侧。在训练时，随着炒锅中沙粒或玉米粒的变化以及不同翻锅法的训练，灵活、快速、准确地配合。

【训练内容】

训练要求	学生进行翻锅功每个基本动作的练习，先进行每个环节动作的训练，再进行连贯训练，熟练地掌握翻锅的基本方法
训练用具	尺4锅、沙粒或玉米粒、炒勺等
教学过程及方法	教师现场讲解、演示→强调训练中的操作安全
练习方法	分组→学生现场练习→教师巡回指导→教师评讲学生作品→小结
训练步骤与训练标准/动作要领	两脚站稳→身体稍前倾→眼睛注视沙粒或玉米粒→右手握炒勺、左手握锅耳翻锅

【技能训练】

案例：临锅训练姿势

训练流程：

两脚站稳→身体稍前倾→眼睛注视锅中的沙粒或玉米粒→右手握炒勺、左手握锅耳翻锅。

训练步骤：

1. 上身自然挺起，不要弯腰驼背，两腿自然分开站稳。

2. 身体稍前倾，不要弯腰驼背，身体与炉灶台保持一定的距离，间隔10～15厘米。

3.目光注视锅内的沙粒或玉米粒。

4.右手握炒勺，左手握锅耳，两手相互配合，有节奏地翻锅。

训练要领：

1.身体应稍前倾，不能弯腰驼背。

2.目光要注意锅中的沙粒或玉米粒的翻动，不能东张西望。

3.左手翻锅，右手炒勺同时配合，动作灵活、快速、准确、协调。

思考与训练：

1.简述临灶时正确的训练姿势。

2.临灶训练时，有哪些注意事项？

【训练步骤图】

【小知识链接】

翻锅功是厨师入门应掌握的基本操作之一。翻锅功是厨师使用锅的技巧与方法，双耳炒锅是南方握锅的常用锅，多为熟铁制成，具有传热快、体轻不易碎的特点，主要用于煎、炒、焗、烩、焖、蒸、炸、爆、拉油、挂浆等烹调方法的制作。

任务2　推拉翻（小翻）、（小抛）

【学习目标】

1.技能目标：通过训练，学生在掌握翻锅功基本训练姿势的基础上，掌握拉翻和推翻的方法。

2.情感培养：通过对翻锅的学习，学生养成能吃苦耐劳的精神。

【问题导入】

1.拉翻与推翻有哪些区别与联系？

2.拉翻、推翻各适合哪些烹调方法？

【学习内容】

1）拉翻

锅不离开灶台，先将炒锅略向身前一拉，然后再向前一推，就势向下略压勺柄，炒勺顺势向前推动沙粒或玉米粒，使沙粒或玉米粒由前向后翻过来。拉翻可以使原料均匀受热或使菜肴在勾芡时，表面芡汁均匀。拉翻多用于炒制法。

2）推翻

锅不离开灶台，先将锅向后轻拉，然后向前上方一送，炒勺顺势向前推动沙粒或玉米粒（也可不使用炒勺），将沙粒或玉米粒由前向后完整翻过来，随即用锅将沙粒或玉米粒托住。推翻多用于炒、溜、挂浆等烹调方法。

3）炒勺的使用方法

（1）翻拌法

翻拌法是用炒勺直接在铁锅内翻动原料，以达到成熟均匀的目的。翻拌法主要用于少量原料的翻动，如烹锅时就采用翻拌法使葱姜等烹锅料受热均匀。

（2）推拌法

推拌法是用炒勺与铁锅配合，在铁锅进行颠勺时，把铁锅中的原料向前推动，协助铁锅翻拌原料。

（3）搅拌法

搅拌法是用炒勺在铁锅中做顺时针或逆时针的搅动，以带动原料转动，或者与铁锅配合，铁锅做前后推拉，同时，在铁锅中延顺时针或逆时针搅动，以带动原料转动，使原料成熟均匀，如在滑油和急火快炒菜肴时运用。

（4）拍压法

拍压法是用炒勺的底部拍压原料，使原料均匀地覆盖锅底，受热均匀。

（5）淋浇法

淋浇法是用炒勺将铁锅中的汤汁或油舀起，浇淋在原料露出汤汁或油的部位上，使原料成熟，入味均匀。淋浇法多用于汤汁较多或炸制的菜肴。

【训练内容】

训练要求	要求学生掌握推、拉翻的技巧。翻锅功具有一定的技巧性，应加强腕力的练习，熟练掌握各种翻锅的方法
训练用具	尺4锅、沙粒或玉米粒、炒勺等
教学过程及方法	教师现场讲解、演示→学生现场训练→教师巡回指导→教师评讲学生作品
训练方法	拉翻：向身边拉炒勺→向前一送→下压勺柄→炒勺向前推沙粒或玉米粒 推翻：向后拉锅→向前一送→炒勺向前推沙粒或玉米粒→铁锅托住沙粒或玉米粒
训练步骤与训练标准/动作要领	推翻：向后拉锅→向前一送→炒勺向前推沙粒或玉米粒→铁锅托住沙粒或玉米粒 拉翻：向身边拉炒勺→向前一送→下压勺柄→炒勺向前推沙粒或玉米粒

【技能训练】

案例1：推翻训练

训练流程：

向后拉锅→向前一送→炒勺向前推沙粒或玉米粒→炒锅托住沙粒或玉米粒。

训练步骤：

1. 将炒锅向后轻拉。

2. 向前上方送一下，炒锅顺势向前推动沙粒或玉米粒（也可不使用炒勺）。

3. 将沙粒或玉米粒由前向后完整翻过来，随即用铁锅将沙粒或玉米粒托住。

训练要领：

1. 炒锅不离开灶台。

2. 翻锅时动作要协调，炒勺应同炒锅配合使用。

3. 加强腕力的练习。

思考与训练：

简述推翻的训练步骤。

案例2：拉翻训练

训练流程：

向身边拉炒勺→向前一送→下压勺柄→炒勺向前推沙粒或玉米粒。

训练步骤：

1. 将炒锅略向身前拉一下。

2. 将炒锅向前一送，就势向下略压炒勺勺柄。

3. 炒勺顺势向前推动沙粒或玉米粒，使沙粒或玉米粒由前向后翻过来。

训练要领：

1. 翻锅时动作要协调，炒锅应同炒勺配合使用。

2. 加强腕力的练习。

思考与训练：

拉翻时应注意哪些要领?

【训练步骤图】

拉翻训练

【小知识链接】

铁锅做菜使用率最高。铁锅重量适中，耐炒，翻炒颠锅都顺手，煎、炒、焗、烩、焖、炸都不用换锅，如客家全猪，加满水直接焖到出锅，不用换锅，方便。很多人说铁锅不好用，会粘、会生锈，这是因为没有正确使用铁锅。这里简单介绍铁锅的使用方法及经验。铁锅没有特别烦琐的开锅程序，新锅买回来后，洗干净、烧红，放盐擦一遍清洗干净，烧红，待冷却锅内不红放入油刷匀即可。如果要铁锅不粘，应先烧热锅，将原料放进去，不要急着拿铲子去翻动它，待煎至表面呈金黄色、表面有皮层时，再翻动原料自然就不粘锅。炒完菜后，要将锅洗干净才能炒下一个菜。不要用洗洁精清洗铁锅，因为洗洁精容易让铁锅生锈。洗铁锅时，加两勺冷水入锅，放炉子上一边烧一边洗，用锅刷洗铁锅内部，然后将水倒掉。如果没有洗干净再重复清洗一次，倒出水，用锅刷把锅内水刷干。将铁锅放在炉子上，开火烧干后关火。等锅凉后竖起来，铁锅这样清洗操作，以后炒菜基本就不会粘，而且长时间不用，也不会生锈。

任务3 侧翻、旋锅、大翻锅

【学习目标】

1. 技能目标：通过训练，学生掌握旋锅和大翻的方法。
2. 情感培养：通过训练，学生领悟学习做事情要有持之以恒的心态。

【问题导入】

1. 侧翻、旋锅和大翻锅各有哪些特点？
2. 哪些菜肴的制作适宜用旋锅和大翻锅？请举例说明。

【学习内容】

1）侧翻

炒锅离开灶台，将炒锅向身体的左上方扬起，使沙粒或玉米粒在勺中的左上方由左向右完整翻转过来，顺势用勺接住沙粒或玉米粒。此方法主要用于底油稍多、汤汁稍多或扒菜制作时的翻锅。

2）旋锅

锅不离开灶台，将锅放在火眼上晃动，使沙粒或玉米粒在炒锅内顺时针或逆时针轻轻转动。旋锅主要用于扒菜勾芡和烹制整条鱼类菜肴防止粘锅时使用。

3）大翻锅

翻锅时，先将炒锅略向身边一拉，然后略向前一送，就势向上一扬，将沙粒或玉米粒全部离锅翻身，接着用炒锅将已翻身的沙粒或玉米粒托住。此方法主要用于扒菜和整条鱼类菜肴制作时翻锅。

翻锅法的作用

①使原料受热均匀。

②可使原料入味均匀。

③可使原料着色均匀。

④可使原料挂芡均匀。

⑤可使原料成熟一致。

⑥防止煳底，保持菜肴形态。

【训练内容】

训练要求	要求学生从基本动作入手，掌握侧翻、旋锅和大翻锅的技能、技巧
训练器具	铁锅、沙粒或玉米粒、炒勺等
教学过程及方法	教师现场演示→学生现场训练→教师巡回指导→教师评讲学生作品
训练步骤与训练标准/动作要领	掌握翻锅的技巧，加强腕力的练习 侧翻：锅向身体的左上方扬起→用锅接住沙粒或玉米粒 旋锅：锅向身体前方→向前→向左→向右→向后→用锅把4个动作连接起来 大翻锅：锅向身体前方一拉→向前一送，就势向上一扬，将沙粒或玉米粒全部离锅翻身

【技能训练】

案例1：侧翻训练

训练流程：

锅向身体左上方上扬→炒勺配合侧锅接住沙粒或玉米粒

训练步骤：

炒锅离开灶台，将炒锅向身体的左上方扬起，使沙粒或玉米粒在锅中的左上方由左向右完整翻转过来，顺势用勺接住沙粒或玉米粒。此方法主要用于底油稍多、汤汁稍多或扒菜制作时的翻锅。

【训练步骤图】

侧翻锅要领：侧翻炒勺与锅的相互配合，缺一不可。

案例2：旋锅训练

训练流程：

锅向身体前方→向前→向左→向右→向后→用锅把4个动作连接起来。

训练步骤：

1. 锅不离开灶台，锅向身体前方，向前、向左、向右、向后，用锅把4个动作连接起来，把锅内的沙粒或玉米粒在锅内旋转。

2. 在旋锅的过程中沙粒或玉米粒在锅内顺时针或逆时针360°轻轻转动。

训练要领：

旋锅时要注意用力均匀，动作自如，手腕灵活。

思考与训练：

哪些菜肴适合用旋锅？

【训练步骤图】

案例3：大翻锅训练

训练流程：

锅向身体前方一拉→向前一送→用锅接住沙粒或玉米粒。

训练步骤：

1. 将锅略向身前一拉，然后略向前一送，就势向上一扬，将沙粒或玉米粒全部离锅翻身。

2. 顺势用锅接住沙粒或玉米粒。

训练要领：

"拉、推、扬、托"4个动作必须迅速、密切地结合在一起，翻锅时应用腕力、大拇指虎口起勾拉的作用，其余4指拖和推做翻锅的配合。

思考与训练：

1. 大翻锅主要用于哪些烹调方法？

2. 哪些菜肴适合用大翻锅？

【训练步骤图】

【小知识链接】

铁锅炒菜在烹调菜肴的过程中，有较多的铁溶解在食物内，为人们源源不断地供应铁质，解决了食物本身含铁不足的问题，起到了防止缺铁性贫血的作用。

有关学者曾做过如下测定：用铁锅煮洋葱，只放油不加盐，煮5分钟后洋葱含铁量可增加2倍。加入食盐和番茄酱，煮20分钟含铁量可增加11倍。加入食醋煮5分钟后，含铁量可增加15倍之多。常食含铁的食物，即使长期用铝锅烹调，也不会引起体内缺铁。但如果食物含铁量低，又长期使用铝锅做菜，容易发生贫血。

据调查，目前国内贫血发生率较高，故家庭烹饪不宜长期使用不锈钢锅、不粘锅和铝锅。你的家庭中如果有贫血患者，应使用铁锅。

任务4 侧翻出锅、前翻出锅两种手法

【学习目标】

1. 技能目标：通过训练，学生掌握侧翻锅和前翻出锅的出菜方法。
2. 情感培养：通过训练，学生学会做人做事，调整心态。

【问题导入】

1. 侧翻、前翻出锅各有哪些特点？
2. 哪些菜肴出菜时分别适用侧翻出锅法或前翻出锅法？请举例说明。

【学习内容】

1）侧翻出锅

炒锅离开灶台，将炒锅向身体的左上方扬起，使沙粒或玉米粒在勺中的左上方由左向右完整翻转过来，顺势用炒勺接住沙粒或玉米粒。此方法主要用于底油稍多、汤汁稍多或扒菜制作时的侧翻锅出锅。

2）前翻出锅

炒锅离开灶台，将炒锅向后上方抬起后向前一推，使沙粒或玉米粒由锅的后上方向前完整翻转过来，顺势用炒勺接住沙粒或玉米粒。用途同侧翻出锅。

【训练内容】

训练要求	要求学生掌握侧翻出锅、前翻出锅的技巧。侧翻出锅功具有一定的技巧性，应加强腕力的练习，熟练掌握各种侧翻锅的方法
训练用具	尺4锅、沙粒或玉米粒、炒勺、碗碟等
教学过程及方法	教师现场讲解与演示
训练方法	学生现场训练→教师巡回指导→教师评讲学生作品
训练步骤与训练标准/动作要领	侧翻出锅：锅向身体的左上方扬起往右侧→用炒勺接住沙粒或玉米粒 前翻出锅：锅向后上方抬起→向前一推→用炒勺接住沙粒或玉米粒

【技能训练】

案例1：侧翻出锅训练

训练流程：

锅向身体的左上方扬起往右侧→用炒勺接住沙粒或玉米粒。

训练步骤：

锅离开灶台，将锅向身体的左上方扬起，使沙粒或玉米粒在锅中的左上方由左向右完整翻转过来，顺势用炒勺接住沙粒或玉米粒。

训练要领：

侧翻出锅动作要规范、协调。

思考与训练：

侧翻出锅主要用于哪些烹调方法？

案例2：前翻出锅训练

训练流程：

锅向后上方抬起→向前一推→用炒勺接住沙粒或玉米粒。

训练步骤：

炒锅离开灶台，将锅向后上方抬起后向前一推，使沙粒或玉米粒由锅的后上方向前完整翻转过来，顺势用炒勺接住沙粒或玉米粒。

训练要领：

前翻出锅动作要规范、协调。

思考与训练：

前翻出锅主要用于哪些烹调方法？

刀工训练

项目2 　刀具及刀法训练运用

任务1 　磨刀训练

【学习目标】

1. 技能目标：学生了解刀和磨刀石的构成与种类，掌握正确的磨刀姿势和方法，能正确检验磨刀效果。

2. 情感培养：通过磨刀训练，学生明白做人如磨刀，学会多方面耐心地考虑事情。

【问题导入】

1. 厨师常用的刀具有哪些？

2. 正确的磨刀方法有哪些？

【学习内容】

1）**刀具种类**

片刀（又称切刀）、砍刀（又称斩刀、骨刀）、前切后砍刀（又称文武刀）、马头刀、特殊刀等。

2）**磨刀姿势**

磨刀时，两脚自然分开，一前一后站稳，前腿弓，后腿绷，胸部略微前倾，收腹，重心前移，双手握刀，平衡用力，目视刀刃。

3）**磨刀方法**

（1）前推后拉法

前推后拉法又叫平磨法，是先在刀面和磨刀石上淋上清水，将刀刃紧贴石面，刀背略翘起，与磨刀石的夹角约45°，向前平推至磨刀石尽头，再向后提拉。平推平磨，用力均匀，切不可忽高忽低。

（2）竖磨法

刀柄向里，右手持刀柄，刀背向右，左手贴在膛面上。前后推磨，磨刀的另一面时左右手相反。

（3）烫刀法

右手持刀翻腕将刀的两面在磨刀石上烫磨，这种方法较为迅速，刀能较快地被磨锋利。

4）刀具的保养

①刀具用后必须先用清水洗净，再用干净的抹布擦干。

②长时间不用或遇到气候潮湿的季节，应先将刀具擦干，再在其表面涂抹一层植物油，并放置于干燥处，以防生锈。

【训练内容】

训练要求	熟练掌握正确的磨刀方法和姿势，并能熟练应用
训练器具	磨刀石、马头刀、水盆、抹布等
训练方法	教师现场演示→学生现场训练→教师巡回指导
训练步骤与训练标准/动作要领	掌握磨刀的方法以及磨刀姿势 磨刀石的选择→固定位置→磨刀（刀两面磨制时间对等）→边磨边淋水直至锋利

【技能训练】

案例：马头刀的磨法

训练器具：

磨刀石、马头刀、水盆、抹布。

训练流程：

右手握刀柄在磨刀石上磨→左手将刀身按紧在磨刀石上→淋少许水→前推后拉→一面磨锋利→翻过来再磨另一面→两面都磨锋利后用干抹布擦干净。

训练步骤：

1. 准备磨刀石。一定要准备一块细腻的磨刀石。如果刀刃线较粗大，还要准备一块粗糙的磨刀石，用来快速磨刀；如果没有固定的磨刀架，可以找一块厚布（毛巾类）垫在磨刀石下面，在磨刀石上浇一些水。

2. 磨刀的动作。磨刀时，两脚自然分开或一前一后站稳，胸略向前倾斜，右手持刀，左手按住刀面的前端，刀口向外，平放在磨刀石上。

3. 磨刀的过程。在刀面或磨刀石上面洒上水，将刀面紧紧贴在磨刀石上，后部略翘起后再推拉磨刀。磨刀时用力要均匀，等磨刀石表面起砂浆时再洒水，刀的两面和前后及中部要轮流均匀地磨到，只有这样才能保持刀刃平直、锋利。刀磨完后要用清水洗净、擦干。

4. 精磨。换细腻的磨刀石直至磨锋利。

训练要领：

1. 磨刀石面起砂浆时就要淋水，保持磨刀石上面湿润不干。

2. 不断翻转刀刃，两面磨的次数基本相等。

3. 手腕姿势平稳准确，两手用力均匀、柔和一致。

4. 刀具往返于磨刀石的前后两端，要把刀刃推过磨刀石的前端，以刀面不过石为宜。

5. 磨到刀刃发涩、锋利为止。

6. 背刀时可直接用细磨石。

检验标准：

1. 刀刃朝上，两眼直视刀刃。如果看见一道看不出反光的细线，就表明刀已磨锋利了；如有白光，则表明刀刃不锋利。

2. 刀刃在砧板上轻推。如打滑，则表明刀刃不锋利；如推不动或有涩感，则表明刀刃锋利。

3. 将刀刃放在大拇指甲上轻轻一拉。如果有涩感，表明刀刃锋利；如果感觉光滑，表明刀刃不够锋利。

4. 刀面平整，无卷口和毛边。

5. 两侧对称，重量均等。

思考与训练：

1. 如何保养刀具？

2. 如何检验磨刀的效果？

【训练步骤图】

【小知识链接】

磨刀石有粗磨石、细磨石和油石3种。粗磨石的主要成分是黄砂，质地疏松而粗糙，多用于新刀开刃或磨平有缺口的刀；细磨石的主要成分是青砂，质地坚实、细腻，容易将刀刃磨得锋利，保持刀面光亮，不易损伤刀口，使用较多；油石粗细皆有，质地坚实，一般磨制硬度较高的工业刀具，在烹饪中应用也比较多。

任务2 刀工基本姿势训练

【学习目标】

1. 技能目标：通过实践训练，学生养成良好的刀工训练姿势和训练习惯，为掌握具体的训练方法打下坚实的基础。

2. 情感培养：通过刀工训练，引导学生明白做人如用刀的道理。

【问题导入】

1. 正确的站案姿势要注意哪些方面？

2. 正确的握刀姿势是怎样的？

【学习内容】

1）站案姿势

①身体保持自然正直，头要端正，胸部自然微含，双眼正视两手训练部分。

②腹部与菜墩保持约10厘米（一拳头）的间距。

③双肩关节自然放松，不耸肩，不卸肩。菜墩放置的高度以身体一半为宜。

④站案脚法有两种：一种为两脚自然分开，呈外八字形，两脚尖分开，与肩同宽；另一种为两脚呈稍息姿势，即丁字步，左脚略向左前，右脚在右后方稍后的位置。无论选择哪一种站案脚法，都要始终保持身体重心垂直于地面，以重力分布均匀、站稳为度，这样有利于控制上肢施力和灵活用力的强弱及方向。

⑤两手自然打开，与身体呈45°角。

2）握刀手势

①右手握刀。

②左手按稳原料。

③左右手配合运用。

3）指法运用

刀工练习中最常用的是直刀法中的切，指法有连续式、间歇式、平铺式等。

（1）连续式

连续式多用于切黄瓜、土豆等脆性原料。起势为左手五指合拢，手指弯曲呈弓形向左后方连续移动，中指第一关节紧贴刀膛，刀距大小由移动的跨度而定。这种指法速度较快，中途停顿少。

（2）间歇式

间歇式适用范围较广。其方法为：左手形状同上，中指紧贴刀膛，右手每切一刀，中指、食指、无名指、小拇指4指合拢向手心缓移，右手每切4～6刀，左手手掌微微抬起，带动五个手指一起移动。如此反复进行，称为间歇式指法。

（3）平铺式

平铺式在平刀法或斜刀法的片中常用。其指法为：大拇指起支撑作用，或用掌根支撑，

17

其余4指自然伸直张开，轻按在原料上。右手持刀片原料时，4指还可感觉并让右手控制片的厚薄，右手一刀片到底后左手四指轻轻地把片好的原料扒过来。

【训练内容】

训练要求	要求学生严格按照刀工训练姿势进行训练，做好每一个动作，并做好动作之间的衔接，协调性要强，最终掌握刀工训练的技能和技巧
训练器具	马头刀、砧板、案板、胡萝卜、白萝卜等
训练方法	教师现场演示→学生现场训练→教师巡回指导
训练步骤与训练标准/动作要领	正确的站案姿势和握刀手势 站案→右手握刀→左手按稳原料→下刀切配

【技能训练】

案例：切心里美萝卜刀工训练姿势

原料配备：心里美萝卜。

训练流程：

心里美萝卜→放置在案板上→两脚自然分开，身体保持直立→左手按稳心里美萝卜→右手持刀→选用刀法加工。

训练步骤：

1. 将心里美萝卜放在砧板上。

2. 站立在案板前，双脚自然分立，呈与肩同宽的八字形或稍息状态。身体保持自然直立，略含胸，头不歪，眼正视训练的双手，身体重心始终保持与地面垂直，腹部不可紧贴训练台，一般与工作台之间保持一拳的距离。

3. 左手按稳心里美萝卜，右手持刀，右手食指弯曲成钩状与大拇指夹紧刀身，其余三指弯曲握住刀柄，然后运用不同的刀法练习切心里美萝卜。

训练要领：

1. 训练时，一般用腕力和小臂的力量。左手控制原料，随刀的起落而均匀地向后移动。

2. 在持刀刀口的高度方面，一般来说，刀刃不能超过左手指的第一个关节。

3. 手持原料要抓稳抓牢，右手落刀要准，两手的配合要紧密而有节奏。

思考与训练：

切心里美萝卜时，正确的刀工训练姿势有哪些？

【训练步骤图】

刀工基本站姿

【小知识链接】

刀工在烹调中十分重要，刀工的好坏决定了菜肴的色和形，精美的刀工可以使菜肴看起来赏心悦目，同时，刀工可以增加菜肴的"味"道。好的刀工可以使食物更加入味，还可以改变原料本身的口感。好刀工可以让菜肴在烹调过程中受热均匀，缩短烹调时间。因此，刀工的好与坏对食物品质的好坏起到很大作用。

任务3 直刀法

训练任务 1：切

直刀切丝法

切是直刀法中运动幅度最小的刀法，适用于无骨无冻的原料。切又分为直切、推切、拉切、推拉切、砍、劈等各种刀法。

① 直切

【学习目标】

1. 技能目标：通过训练，学生掌握直刀法切面团的训练方法及技能、技巧。
2. 情感培养：通过训练，学生在练习过程中领悟人生如用刀，做人不偏离初心的哲理。

【问题导入】

1. 直刀法有哪些？
2. 直切法适用于哪些原料？请举例说明。

【学习内容】

1）运刀方向

运刀方向是由上至下，切片之间的运刀方向是由前往后、由上至下、由后向前来回配合的运刀方法，左右手相互配合，稍有不慎容易伤手。

2）训练方法

一般以右手持刀，左手五指须按，用指头按稳按牢原料，用指背第一关节抵住刀身，随着右手持刀不断地切割，左手应不断像走路后退那样向后挪动，每次向后挪动的距离应根据菜肴本身的厚薄度往后挪动，均等挪动，防止厚薄粗细不均匀。

3）适用范围

适用于脆、嫩的原料。大多数植物性原料都可以用直切，如冬瓜、黄瓜、胡萝卜、豆腐等。此外，一些动物性的熟食原料也可用，如卤五花肉、墨鱼制品等。

【训练内容】

训练要求	要求学生训练姿势正确、动作规范，坚持训练直至掌握训练要领为止
训练用具	菜刀、砧板、码斗、盘等
训练方法	教师现场演示→学生现场训练→教师巡回指导→教师评讲学生作品
训练步骤与训练标准/动作要领	掌握直切的下刀方法及要领 原料选择→正确运用直切刀法加工原料→原料成型

【技能训练】

案例：直刀法→切萝卜片

原料配备： 心里美萝卜。

训练流程：

心里美萝卜→将一面切平→左手按稳心里美萝卜→右手持刀→直切练习→刀工原料成型。

训练步骤：

1. 将心里美萝卜放在案板上，切出平面。

2. 右手持刀，左手五指指头轻轻按住心里美萝卜，用指背第一关节抵住刀身，用刀刃中前部对准心里美萝卜被切部位，垂直起刀，垂直落下。

3. 随着右手持刀不断垂切，左手五指应不断随之挪动、后移，以免切到左手手指，每次向后挪动的距离应当均等，防止切片厚薄不均匀。

训练要领：

1. 两手配合协调，用刀时稳而有力，持刀要稳，左手要用暗劲把心里美萝卜按好。

2. 右手控制刀身，垂直下刀，使刀刃成直线，刀体不可摇摆切下。

3. 心里美萝卜切片时，用刀刃前半部分进行训练。

4. 要均等地从右向左移动，否则切片的厚薄不一。

思考与训练：

萝卜有哪些品种？训练刀工适合用哪种萝卜？

【训练步骤图】

直切法

【小知识链接】

有的心里美萝卜是辣的，因为本身的生物成分如此。心里美萝卜所含热量较少，纤维素较多，吃后易产生饱胀感，这些都有助于减肥。

❷ 推切

【学习目标】

1.技能目标：通过训练，学生掌握推切的训练方法及技能、技巧。

2.情感培养：培养学生具备迎难而上、坚韧不拔的开拓精神。

【问题导入】

1.什么是推切?

2.哪些原料适合用推切的方法? 请举例说明。

【学习内容】

1）训练方法

左手按住原料，中指第一关节顶住刀膛。右手持刀，将刀刃的前部对准原料被切部位，刀体垂直落下，刀刃切入原料后，立即从右后方向左前方推切下去，直至原料断裂。

2）运刀方向

由上而下，同时结合由里向外的动作，运刀的着力点是由刀后端向前推。

3）训练要领

持刀要稳，原料要按稳，左右手协调相互配合，用刀稳而有力，收拉刀时要提起刀的后半部。

4）适用范围

各种韧性原料，如无骨的新鲜猪、羊、牛肉。通过推切，韧性原料的纤维切断。

【训练内容】

训练要求	要求学生训练姿势正确、动作规范，坚持训练直至掌握训练要领为止
训练器具	菜刀、砧板、盘等
训练方法	教师现场演示→学生现场训练→教师巡回指导→教师评讲学生作品
训练步骤与训练标准/动作要领	掌握推切的下刀方法及要领 原料选择→正确运用推切刀法加工原料→原料成型

【技能训练】

案例：推切心里美萝卜

原料配备：心里美萝卜。

训练流程：

心里美萝卜→切面→左手按稳心里美萝卜→右手持刀→推切训练→原料成型。

训练步骤：

1. 将心里美萝卜放在案板上。

2. 右手持刀，左手手指轻轻按住心里美萝卜，用指背第一关节抵住刀身，用刀刃中前部对准心里美萝卜被切部位，刀体由上而下，从右后方向左前方推切下去，直至心里美萝卜断开。

3. 随着右手持刀不断来回推切，左手应不断地往后挪动，每次挪动的距离应当相等，以免伤手，防止心里美萝卜厚薄不一。

训练要领：

1. 左右手配合协调，运刀稳而有力，持刀要稳，左手要按稳心里美萝卜。

2. 右手控制刀身，垂直下刀，使刀刃从右后方向左前方推切下去，不可偏里或偏外。

3. 推切心里美萝卜时，要用刀刃前半部进行切配。

4. 要等距离地从右向左移动，否则心里美萝卜片的厚薄不均匀。

思考与训练：

用心里美萝卜练推切法刀工能起到哪些作用？

【训练步骤图】

推切法

【小知识链接】

高筋面粉中的蛋白质平均含量为13.5%。通常，蛋白质含量在11.5%以上可称为高筋面粉。高筋面粉蛋白质含量高，筋度强，用其粗条来练习刀工不但可以训练学生按原料软硬来控制力度，更利于锻炼学生对韧性的切配掌控。高筋面粉粗条也可以循环训练使用，为以后的切工打下牢固的基础。

③ 拉切

【学习目标】

1. 技能目标：通过训练，学生掌握拉切的训练方法及技能、技巧，为进一步学习其他刀法打下基础。

2. 情感培养：培养学生优良的人生情操，在生活中懂得得意淡然，失意泰然。

【问题导入】

1. 什么是拉切？

2. 哪些原料适合用拉切的方法？举例说明。

【学习内容】

1）运刀方向

由上而下，同时结合由前向后的动作，运刀的着力点一般为刀刃的前端。

2）训练要领

持刀要稳，原料要按稳，左右手要相互配合一致，用刀稳而有力。收拉刀时要提起刀的前半部，一次性将原料切断。操作时，要注意前半段刀口的位置，以免伤手。

3）训练方法

左手按住原料，用中指第一关节顶住刀膛。用刀刃的后部对准原料的被切部位刀体垂直落下，刀刃切入原料后，从左前方向右后方拉切下去，直至原料断裂。

4）适用范围

各种无骨的原料，如新鲜青瓜、心里美萝卜等。

【训练内容】

训练要求	要求学生训练姿势正确、动作规范，坚持训练直至掌握训练要领为止
训练器具	菜刀、砧板、盘、码铧等
训练方法	教师现场演示→学生现场训练→教师巡回指导→教师评讲学生作品
训练步骤与训练标准/动作要领	掌握拉切的下刀方法及要领 原料选择→正确运用拉切刀法加工原料→原料成型

【技能训练】

案例：拉切青瓜

原料配备：青瓜400克。

训练流程：

青瓜的选取→将青瓜洗净→左手按稳青瓜→右手持刀→拉切加工青瓜→原料成型。

训练步骤：

1. 将青瓜洗净后放在案板上，用刀将青瓜对半剖开。

2. 右手持刀，左手五指按稳青瓜，刀身端平，前半部刀刃切入青瓜片中。

3. 右手持刀，左手五指按稳青瓜，用指背第一关节抵住刀身，用刀刃中前部对准青瓜被切部位，刀体由上至下、自左前方往右后方拉切，用巧力把青瓜片切好。

4. 左手根据右手持刀不断地切拉，左手应不断往后挪动，每次往后挪动的距离应当相等，防止青瓜片厚薄不一。

训练要领：

1. 青瓜先要对半剖开，根据使用的要求控制刀工的宽度、厚度。

2. 左右手要相互配合，运刀稳而有力，持刀要稳，左手要按稳青瓜。

3. 右手控制刀身，不可偏里或偏外。

4. 拉切青瓜时，要用刀刃前半部进行拉切。

5. 左手挪动时要相等距离从前往后挪动，否则青瓜片厚薄不一。

思考与训练：

1. 拉切法适合哪方面的菜肴？

2. 青瓜拉切时，需要注意哪几个方面？

【训练步骤图】

拉切法

4 推拉切

【学习目标】

1. 技能目标：通过训练，学生掌握推拉切的训练方法及技能、技巧，为进一步学习其他刀法打下基础。

2. 情感培养：通过训练，学生明白不管人生还是职业生涯，没有什么是一帆风顺的，需要我们有反复"推拉"的耐心。

【问题导入】

哪些原料适用于推拉切？请举例说明。

【学习内容】

1）运刀方向

运刀方向是由上至下，结合由里向外的推拉动作。

2）训练方法

把推切和拉切的动作连贯起来便是推拉切。

3）训练要领

原料数量要少，原料码放齐，垂直下刀，按稳原料后左右手相互配合一致，运刀要稳而有力，推拉时要均匀用力。

4）适用范围

适用于去骨的韧性原料，如鳝丝、牛腩等制品。

【训练内容】

训练要求	要求学生训练姿势正确、动作规范，坚持训练直至掌握训练要领为止
训练器具	菜刀、砧板、盘等

续表

训练方法	教师现场演示→学生现场训练→教师巡回指导→教师评讲学生作品
训练步骤与训练标准/动作要领	掌握推拉切的下刀方法及要领 原料选择→正确运用推拉切刀法加工原料→原料成型

【技能训练】

案例：推拉切鳝丝

原料配备：新鲜黄鳝400克。

训练流程：

黄鳝的选取→将黄鳝去骨→左手按稳鳝片→右手持刀→推拉切加工鳝丝→原料成型。

训练步骤：

1. 将黄鳝处理后放在案板上，用刀将黄鳝去骨。

2. 右手持刀，左手五指按住鳝片，用指背第一关节抵住刀身，用刀刃中部对准鳝片要切的部分，刀体由上至下，前推切把鳝肉切开，后拉切把鳝片切开，每次间距尽量相等，用力将鳝丝推拉切断开。

3. 用刀时，右手持刀不断地推拉切，左手应不断往后挪动，每次向后挪动的距离应当相等，尽量粗细均匀。

训练要领：

1. 黄鳝要先去骨，以便为下一步的刀工切配做准备。

2. 左右手相互配合，运刀稳而有力，持刀要稳，左手要按稳鳝片。

3. 右手控制刀身，垂直下刀，使刀刃由上至下，前推、后拉方向运动，间距均等，不可偏里或偏外。

4. 推切鳝丝时，要用刀刃中部进行切配。

思考与训练：

如何宰杀黄鳝更容易？

【小知识链接】

鳝鱼中富含的DHA和卵磷脂是构成人体各器官组织细胞膜的主要成分，而且是脑细胞不可缺少的营养成分。研究资料表明，经常摄取卵磷脂，记忆力可以提高20%，故食用鳝鱼肉有补脑健体的功效。鳝鱼含有特种物质鳝鱼素。由于鳝鱼素能降低血糖和调节血糖，对糖尿病有较好的治疗作用，加之鳝鱼素所含脂肪极少，因此是糖尿病患者的理想食品。鳝鱼含有的维生素A含量很高。维生素A可以增强视力，促进皮膜的新陈代谢。每100克鳝鱼肉中蛋白质含量达17.2～18.8克，脂肪0.9～1.2克，钙质38毫克，磷150毫克，铁1.6毫克。此外，鳝鱼还含有硫胺素（维生素B_1）、核黄素（维生素B_2）、烟酸（维生素PP）、抗坏血酸（维生素C）等多种维生素。黄鳝不仅被当作名菜款待客人，近年来还出口，畅销国外，更有冰冻鳝鱼远销美洲等地。黄鳝一年四季均产，但以小暑前后者最为肥美。民间有"小暑黄鳝赛人参"的说法。

营养分析:

1. 鳝鱼富含的DHA和卵磷脂不仅是构成人体各器官组织细胞膜的主要成分,而且是脑细胞不可缺少的营养成分。

2. 鳝鱼含有降低血糖和调节血糖的鳝鱼素,且所含脂肪极少,是糖尿病患者的理想食品。

3. 鳝鱼含有丰富维生素A,能增强视力,促进皮膜的新陈代谢。

5 滚切

【学习目标】

1. 技能目标:通过训练,学生掌握滚切的训练方法及技能、技巧,为进一步学习其他刀法打下基础。

2. 情感培养:通过训练,学生认识到每实现一个目标,都是一次自我实现。

【问题导入】

1. 什么是滚切?

2. 哪些原料适用滚切?请举例说明。

【学习内容】

1)运刀方向

切的过程中,同时滚动原料的行刀方法,原料每滚动一次,刀做一次直切,也有滚动一次,直切几次的。

2)训练要领

通过直切或推切来加工原料。由于原料质地不同,因此刀法也有所不同。每完成一刀后,随后把原料朝一个方向滚动一次,每次滚动的角度都要求一致,才能使成型原料规格相同。

3)训练方法

右手握刀柄,左手按住原料,每切一刀将原料滚动一次。

4)适用范围

适应于加工质地坚实,外形呈圆柱形或椭圆形的原料,原料多为植物性原料,如茭白、山药、萝卜、土豆等。

【训练内容】

训练要求	要求学生训练姿势正确、动作规范,坚持训练直至掌握训练要领为止
训练器具	菜刀、砧板、盘等
训练方法	教师现场演示→学生现场训练→教师巡回指导→教师评讲学生作品

续表

训练步骤与训练标准/动作要领	掌握滚切的下刀方法及要领 原料选择→正确运用滚切刀法加工原料→原料成型

【技能训练】

案例：滚刀切面团

原料配备： 面粉200克。

训练流程：

面粉的选取→加工处理→左手按稳面团粗条→右手持刀→滚切加工→原料成型。

训练步骤：

1. 将面粉揉成软硬适中的面团，把刀洗净后用刀切面团。

2. 以右手持刀，左手五指用指头轻按面团，用指背第一关节抵住刀身。

滚料切块

3. 切的过程中，同时滚动原料，每滚动一次，刀做一次直切。

4. 右手持刀不断地切割，左手不断地随之滚动原料，每次滚动的间距应当相等，防止面团块大小不一。

训练要领：

1. 应按照成菜要求，改刀成适合滚切的料形。

2. 左右手相互配合一致，运刀稳而有力，持刀要稳。

3. 右手控制刀身，垂直下刀，使刀刃成直线，不可偏里或偏外。

4. 滚切面团时，要用刀刃前半部进行切配。

5. 要相等距离地从前向后滚动，否则块的大小不一。

思考与训练：

面团的软硬度会影响训练刀工的哪几个方面？

【训练步骤图】

滚刀切

【小知识链接】

滚料切法适合烹调中的蒸、焖、烩、炸等，这种刀法切配的原料让烹饪成品菜肴形状美观，不容易碎散。

训练任务 2：剁

 单刀剁

【学习目标】

1. 技能目标：通过训练，学生掌握单刀剁的训练方法及技能、技巧，为进一步学习其他刀法打下基础。

2. 情感培养：培养学生个人意志，使其更加坚强、独立，做一个奋力进取的人。

【问题导入】

1. 什么是单刀剁？

2. 哪些原料适用单刀剁？请举例说明。

【学习内容】

1）训练方法

将原料放在砧板中间，左手扶砧板边，右手持刀，用刀刃的中前部对准原料，用力剁碎。当原料剁到一定程度时，将原料铲起归堆，再反复剁碎原料直至达到加工要求为止。

2）训练要领

用手腕带动小臂上下摆动，要勤翻原料，使其均匀细腻，用刀要稳，快捷有序，同时抬手不可过高，以免使原料甩出造成浪费。

3）适用范围

脆性原料，如白菜、葱、姜、蒜；韧性原料，如猪肉、羊肉、虾肉等。

【训练内容】

训练要求	要求学生训练姿势正确、动作规范，坚持训练直至掌握单刀剁的训练要领为止
训练器具	菜刀、砧板、盆、盘等
训练方法	教师现场演示→学生现场训练→教师巡回指导→教师评讲学生作品
训练步骤与训练标准/动作要领	掌握单刀剁的下刀方法及要领 原料选择→正确运用单刀剁制原料→原料成型

【技能训练】

案例：剁上肉沫

原料配备：上肉300克。

训练流程：

选取上肉→将上肉中的杂质洗净→右手持刀→单刀剁→原料成型。

训练步骤：

1. 上肉去皮，肥瘦分开，预处理后放在砧板中间。

2. 左手扶砧板边，右手持刀，用刀刃的中前部对准上肉，用力剁碎。

3. 当上肉剁到一定程度时，将上肉铲起归堆，再反复剁碎上肉直至达到加工要求为止。

训练要领：

1. 用手腕带动小臂上下摆动，要勤翻上肉，使其均匀细腻。

2. 用刀要稳，快捷有序，同时抬手不可过高，以免使上肉碎甩出造成浪费。

3. 单刀剁切上肉时，要用刀刃前半部进行切配。

思考与训练：

1. 单刀剁上肉时有哪些注意事项？

2. 如何鉴别上肉的新鲜程度？

【训练步骤图】

单刀剁

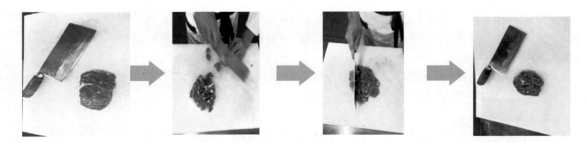

【小知识链接】

古代人们经常用猪代表财富和生育。在游牧民族的畜牧经济中，猪是难养的动物（猪不像牛、羊、狗那样适合游牧迁徙）。从这一点讲，很多讲肉食的字，用"牛"或用"羊"而极少用"豕"是非常好理解的。

随着种植业的发展、居住地的稳定和猪的驯化，很多和猪有关的字产生出来，比如"家"［房子底下有猪，豕（shǐ）的意思就是猪］，"圂（hùn）"（意思是厕所，即厕所通猪圈。20世纪60—90年代中国南方和北方农村仍然能见到人的厕所就是猪圈、猪养在人的厕所里的实例）。

❷ 排剁

【学习目标】

1. 技能目标：通过训练，学生掌握排剁的训练方法及技能、技巧，为进一步学习其他刀法打下基础。

2. 情感培养：培养学生的团队合作精神，如左右手执的两把刀一样，齐心协力。

【问题导入】

1. 什么是排剁？单刀剁和排剁有什么区别？

2. 哪些原料适用排剁？举例说明。

【学习内容】

1）训练方法

将原料放在墩中央，左右两手各持一把刀，两刀之间要间隔一段距离，两刀一上一下，从左往右，再从右到左，反复排剁，剁到一定程度时要翻动原料，直至原料剁至细而均匀的泥蓉状。

2）训练要领

排剁时，左右手握刀要灵活，要运用手腕的力量，刀的起落快捷有序，两刀不能相互碰撞；要勤翻原料，使其均匀细腻；如有粘刀现象，可将刀放进水里浸一浸再剁。

3）适用范围

所有的无骨原料，如无骨的猪、牛、羊和大白菜等蔬菜。

【训练内容】

训练要求	要求学生训练姿势正确、动作规范，坚持训练直至掌握训练要领为止
训练器具	菜刀、砧板、码斗、碟等
训练方法	教师现场演示→学生现场训练→教师巡回指导→教师评讲学生作品
训练步骤与训练标准/动作要领	掌握排剁的下刀方法及要领 原料选择→正确运用排剁的刀法加工原料→原料成型

【技能训练】

案例：剁蒜蓉

原料配备： 去皮蒜头400克。

训练流程：

蒜头选取→将蒜头去皮拍扁→双手各持一把刀→排剁蒜蓉→原料成型。

训练步骤：

1. 将蒜头去皮后放在案板上，把蒜肉拍扁。

2. 双手各持一把刀，用刀刃中前部对准蒜肉被剁部位，刀体一刀一刀垂直落下。

3. 随着左右手持刀不断地拍剁，双刀应有序进行，防止蒜蓉颗粒大小不均匀。

训练要领：

1. 剁蒜蓉时，分量不宜过多。

2.两手相互配合，行刀稳而有力，持刀要稳。

3.双手控制刀把，以防滑脱伤人伤己，剁时垂直下刀，使刀刃成直线。

4.排剁蒜蓉时，要用刀刃中部进行切剁。

思考与训练：

1.排剁蒜蓉时，为什么需要把蒜肉拍碎再剁？

2.怎样选择优质的蒜头？

【训练步骤图】

剁蒜蓉

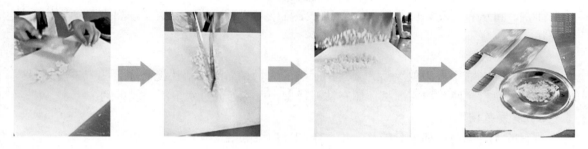

【小知识链接】

大蒜性温，味辛；入脾、胃、肺经。温中行滞、解毒、杀虫。大蒜具有以下功效：

1.杀菌。大蒜中含有的硫化合物具有较强的抗菌消炎作用，对多种球菌、杆菌、真菌和病毒等均有抑制和杀灭作用，是目前发现的天然植物中抗菌作用最强的一种。

2.排毒清肠。大蒜可有效抑制和杀死引起肠胃疾病的幽门螺杆菌等细菌病毒，清除肠胃有毒物质，刺激胃肠黏膜，促进食欲，加速消化。

3.降低血糖。大蒜可促进胰岛素的分泌，增加组织细胞对葡萄糖的吸收，提高人体葡萄糖耐量，迅速降低体内血糖水平，还可杀死因感染诱发糖尿病的各种病菌，从而有效预防和治疗糖尿病。

4.防治心脑血管疾病。大蒜可防止心脑血管中的脂肪沉积，诱导组织内部脂肪代谢，显著增加纤维蛋白溶解活性，降低胆固醇，抑制血小板的聚集，降低血浆浓度，增加微动脉的扩张度，促使血管舒张，调节血压，增加血管的通透性，从而抑制血栓的形成和预防动脉硬化。每天吃2～3瓣大蒜，是降压的好办法。

任务4 平刀法

平刀法是刀面与墩面接近平行的一种刀法，一般用于无骨的原料。

训练任务1：平刀片法

【学习目标】

1.技能目标：通过训练，学生掌握平刀片法的不同训练方法，形成技能、技巧，为正确运用平片刀法打好基础。

2. 情感培养：在平稳的刀工基础上，铸就平稳的心态。

【问题导入】

1. 什么叫平刀片法？

2. 平刀片法的训练要领是什么？

【学习内容】

1）训练方法

左手伸直，扶按或者平托原料，右手持刀，刀身端平，对准原料上端被片的位置，刀从右向左操作，平线水平平片，将原料片好摆整齐，每片相隔0.5～1厘米。

2）训练要领

刀身端平，刀在运动时刀膛要紧紧贴住原料，从右向左运动，使片下的原料形状厚薄一致。

3）适用范围

脆性原料，如土豆、黄瓜、胡萝卜、莴苣、冬笋等。无骨的软性原料，如豆腐、鸡鸭血、豆腐干等。

【训练内容】

训练要求	要求学生训练姿势正确、动作规范，坚持训练直至掌握训练要领为止
训练器具	菜刀、砧板、码斗、碟等
训练方法	教师现场演示→学生现场训练→教师巡回指导→教师评讲学生作品
训练步骤与训练标准/动作要领	掌握平刀片的下刀方法及要领 原料选择→正确运用平刀直片法加工原料→原料成型

【技能训练】

案例：平刀片面片

原料配备： 低筋面粉200克。

训练流程：

面粉揉成团→适当比正常面点面坯硬→用刀将面团改成需要的形状→左手按稳面团→右手持刀→刀身放平，与砧板几乎平行→刀刃片进面团中→从右向左作平行运动→原料成型。

训练步骤：

1. 将面团揉好，以偏硬为宜，将面团放在案板上，改刀成需要的形状。

2. 左手伸直，扶按面团，右手持刀，刀身端平，对准面团被片的部位，刀从右向左作水平线运动，将面片片断。

3. 左手中指、食指、无名指微弓，将面片向左侧移动，每片叠放整齐有序，每片相隔 0.5 ~ 1 厘米。

训练要领：

1. 刀身端平，刀在运动时，刀膛要紧紧贴住面团。

2. 从右向左运动，使片下的面团形状均匀一致。

3. 片面团时，要用刀刃中部前后推拉平片。

思考与训练：

1. 面团练刀工的优点与缺点有哪些？

2. 平片刀法操作要注意哪几个方面？

【训练步骤图】

平刀片法

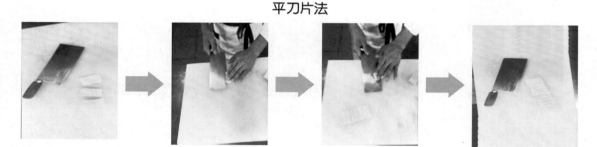

【小知识链接】

1. 平刀法可以美化原料，使烹饪物品容易入味，成熟均匀，还可以增大原料的面积。

2. 平刀法用面团训练，练习时难度较大，练习熟练后平刀片其他原料相对比较轻松。

训练任务 2：平刀推拉片法

【学习目标】

1. 技能目标：通过训练，学生掌握平刀推拉片的训练方法及技能、技巧，为进一步学习其他刀法打下基础。

2. 情感培养：培养学生平稳的心态和坚忍的意志、不断进取的气概，在学习态度上有更为严谨的风格。

【问题导入】

1. 平刀推拉片的训练方法是什么？

2. 平刀推拉片的适用范围是什么？请举例说明。

【学习内容】

1）训练方法

先将原料放在砧板右侧，左手再按原料，右手持刀。先用平刀推片的方法，起刀片进原料。然后用平刀拉片的方法继续片料，将平刀推片和平刀拉片连贯起来，反复推拉，直至原料全部断开为止。

2）训练要领

首先要求掌握平刀推片和平刀拉片的刀法，再将这两种刀法连贯起来。训练要将原料用手压实并扶稳。无论是平刀推片还是平刀拉片，运刀都要充分有力，动作要连贯、协调、自然。

3）适用范围

韧性较强的原料，如颈肉、蹄髈、腿肉等。韧性较弱的原料，如里脊肉、通脊肉、鸡脯肉等。

【训练内容】

训练要求	要求学生训练姿势正确、动作规范，坚持训练直至掌握训练要领为止
训练器具	菜刀、砧板、码钭、盘等
训练方法	教师现场演示→学生现场训练→教师巡回指导→教师评讲学生作品
训练步骤与训练标准/动作要领	要求掌握平刀推拉片的运刀技巧和训练要领 原料选择→原料放置在砧板右侧→左手按稳原料→右手持刀→正确运用平刀推拉片的方法加工原料→原料成型

【技能训练】

案例：平刀推拉片中筋面团

原料配备：中筋面粉300克。

训练流程：

面粉揉成团→将面团改成需要的形状→左手按稳原料→右手持刀→正确运用平刀推拉片处理原料→原料成型。

训练步骤：

1.将面粉揉得软硬与肉类相等，改成需要的形状。

2.先将中筋面团放在砧板右侧，左手再按住面团，右手持刀。再用平刀推片的方法，推切进入中筋面团中。

3.运用平刀推拉片的方法继续片料，将平刀推片和平刀拉片连贯起来，反复推拉，直至原料全部断开为止。

训练要领：

1.掌握平刀推拉片刀法的重点、要点。

2.将面团用手压实并扶稳。

3.平刀推拉片，运刀要充分有力，动作要连贯，相互协调配合。

思考与训练：

1.平刀推拉片有什么技巧？

2.平刀推拉片的训练动作有哪些要求？

【训练步骤图】

平刀推拉片法

【小知识链接】

平刀推拉片在切肉类时经常用到，这种刀法用途较广，但对于新手比较危险，初学者要注意以安全操作为先。

训练任务3：平刀滚料片法

【学习目标】

1.技能目标：通过训练，学生掌握滚料上片的训练方法及技能、技巧，为进一步学习其他刀法打下基础。

2.情感培养：培养学生专注、耐心的职业习惯，在意志上得到深层次的磨炼。

【问题导入】

1.滚料片和滚料切有什么区别？

2.哪些原料适用滚料上片？请举例说明。

滚料片刀法

【学习内容】

1）训练方法

左手扶按原料，右手持刀与砧板平行。用刀刃中前部对准原料被片位置。左手将原料推翻，刀随原料的滚动向左运行片进原料，刀与原料同步运行，直至将原料全部片下为止。

2）训练要领

刀要端平，不可忽高忽低，否则容易将原料中途片断，影响成品规格，刀推进的速度要与原料滚动保持相同的速度。

3）适用范围

圆柱形脆性原料，如黄瓜、胡萝卜、竹笋等。

【训练内容】

训练要求	要求学生训练姿势正确、动作规范，坚持训练直至掌握训练要领为止

续表

训练器具	菜刀、砧板、码斗、盘等
训练方法	教师现场演示→学生现场训练→教师巡回指导→教师评讲学生作品
训练步骤与训练标准/动作要领	掌握滚料上片的运刀方法及要领 原料选择→原料放置在砧板上→左手按原料→右手持刀与砧板平行→刀刃中前部片进原料→左手推翻原料（不断滚动）→刀刃向左运行片进原料→将原料片下→原料成型

【技能训练】

案例：滚料片青瓜

原料配备：青瓜200克。

训练流程：

选取青瓜→放置在砧板上→改刀→左手扶按青瓜→右手持刀与砧板平行→刀刃中前部片进青瓜中→左手不断推滚青瓜→刀刃向左推拉切进青瓜→将青瓜片下→成型。

训练步骤：

1. 左手扶按青瓜，右手持刀与砧板平行。用刀刃中前部对准青瓜被片位置。

2. 左手推滚青瓜，刀随青瓜的滚动向左前方运行片入青瓜中，刀与青瓜同步运行，直至将青瓜全部片下为止。

训练要领：

1. 刀要端平，不可忽高忽低，否则容易将青瓜中途片断，影响成品规格。

2. 刀推进的速度要与青瓜滚动保持相同的速度。

3. 滚料片青瓜时，要用刀刃前中部进行片制。

4. 要相等距离地向左运行滚动，否则片的厚薄不一。

思考与训练：

1. 滚刀法的要点有哪些？

2. 滚刀法怎么操作可以避免伤手？

【训练步骤图】

平刀滚料片法

【小知识链接】

黄瓜是葫芦科黄瓜属植物。黄瓜的颜色为油绿或翠绿，表面有柔软的小刺。中国各地普遍栽培，现广泛种植于温带和热带地区。黄瓜喜温暖，不耐寒冷，为主要的温室产品之一。黄瓜是西汉时期张骞出使西域带回中原的，史称胡瓜。五胡十六国时后赵皇帝石勒忌讳"胡"字，汉臣襄国郡守樊坦将其改为"黄瓜"。

训练任务4：平刀抖片

【学习目标】

1. 技能目标：通过训练，学生掌握平刀抖片的训练方法及技能、技巧，为进一步学习其他刀法打下基础。

2. 情感培养：培养学生孜孜不倦、刻苦进取的敬业精神。

【问题导入】

1. 什么是平刀抖片？

2. 哪些原料适用平刀抖片？请举例说明。

【学习内容】

1）训练方法

将原料放在砧板右侧，刀膛与刀面平行，用刀刃上下抖动，逐渐片进原料，直至将原料全部片下为止。

2）训练要领

刀在上下抖动时，上下抖刀不可忽高忽低，进身刀距要相等。

3）适用范围

固体性原料，如黄白蛋糕等；脆性原料，如甘笋、莴苣等。

【训练内容】

训练要求	要求学生训练姿势正确、动作规范，坚持训练直至掌握训练要领为止
训练器具	菜刀、菜板或菜墩、盘等
训练方法	教师现场演示→学生现场训练→教师巡回指导→教师评讲学生作品
训练步骤与训练标准/动作要领	掌握平刀抖片的下刀方法及要领 原料选择→原料放置在砧板右侧→左手按稳原料→右手持刀→刀膛与刀面平行→刀刃片进原料→刀刃上下抖动→片下原料

【技能训练】

案例：平刀抖片白蛋糕

原料配备：白蛋糕200克。

训练流程：

将白蛋糕放在砧板右侧→左手按稳蛋糕→右手持刀→刀膛与刀面平行→刀刃片进蛋糕中→刀刃上下抖动→片下蛋糕。

训练步骤：

1.将白蛋糕放在砧板右侧，刀膛与刀面平行。

2.用刀刃上下抖动，逐渐片进蛋糕，直至将蛋糕全部片下为止。

训练要领：

1.刀在上下抖动时，不可忽高忽低。

2.进深刀距要相等，使刀纹匀称。

思考与训练：

1.分组讨论白蛋糕的制作过程。

2.平刀抖片白蛋糕时有什么要求？

【小知识链接】

抖刀法适合艺术装盘与炒波浪形菜肴，此种刀法切配出来的原料有艺术感，令顾客更有食欲，但不是每一种原料都适合用。

任务5 斜刀法

斜刀法是刀身与砧板或原料约成45°运动的一种刀法。根据刀的运动方向，分为正刀片和反刀片两种。主要用于将原料加工成片的形状。

训练任务1：正刀片

【学习目标】

1.技能目标：通过训练，学生掌握正刀片的训练方法及技能、技巧，为进一步学习其他刀法打下基础。

2.情感培养：通过培养，学生养成良好的职业心态。

【问题导入】

1.什么是正刀片？

2.哪些原料适用正刀片？请举例说明。

【学习内容】

1）训练方法

将原料放在砧板里侧，左手伸直扶按原料，右手持刀用刀刃的中部对准原料被片位置，刀自左前方向右后方运动，将原料片开。原料断开后，随即左手指微弓，带动片开的原料向右后方移动，如此反复。

2）训练要领

刀膛要紧贴原料，避免原料粘走或滑动，刀身的倾斜度要根据原料成型规格灵活调整。每片一刀，刀与右手同时移动一次，并保持刀距相等。

3）适用范围

用于将软性、韧性原料加工成片状，由于正刀片是刀倾斜片入原料的，加工出片的面积比直刀切的横截面要大一些，因此多对厚度较薄、成型规格片的面积要大的原料适用。如加工青鱼片时，鱼肉的厚度达不到成型规格片，就可用正刀片的方法，也适用腰子、大虾肉、扁豆。

【训练内容】

训练要求	要求学生训练姿势正确、动作规范，坚持训练直至掌握训练要领为止
训练器具	菜刀、砧板、码斗、盘等
训练方法	教师现场演示→学生现场训练→教师巡回指导→教师评讲学生作品
训练步骤与训练标准/动作要领	掌握正刀片的下刀方法及要领 原料选择→正确运用正刀片法加工原料→片断原料

【技能训练】

案例：正刀片面团片

原料配备： 面粉300克。

训练流程：

面粉揉成团→放在砧板里侧→左手按原料→右手持刀→用刀刃中部片进原料里→刀刃从左前方向右后方正斜切→片断原料。

训练步骤：

1. 将面粉揉成软硬与原料相等放在砧板里侧，左手按住面团，右手持刀用刀刃的中部对准面团被斜切的位置刀自左前方向右后方斜切，将切好的面团片开。

2. 面团断开后，随即左手指微弓，带动片开的原料向右后方移动，原料片离开刀。如此反复直至切完。

训练要领：

1. 刀膛要紧贴面团，避免面团粘走或滑动。

2. 刀身的倾斜度要根据原料成型规格灵活调整。

3. 每片一刀，刀与右手同时移动一次，并保持刀距相等。

4. 正刀片切原料时，要用刀刃中部进行切制。

思考与训练：

1. 切配制作"斜刀法"时有哪些要求？

2. 斜刀法的重点在哪几个方面？

【训练步骤图】

正斜刀法

【小知识链接】

面粉是我们生活中必不可少的食材。无论是高筋粉还是低筋粉，烹饪出的食物都花样百出、美味可口。面粉除了烹饪、烘焙以外，还有一些意想不到的功能。

1. 清洗葡萄：葡萄表面有一层白霜，还黏附着一些泥土，单纯的冲洗根本洗不干净。将葡萄放入水中，加入两勺面粉或淀粉，轻轻搓揉来回滚动，然后放入水中进行筛洗，面粉和淀粉都是有黏性的，会将那些脏东西带走。

2. 煎鱼、煎鸡蛋油不外溅：煎鱼前，将少许面粉撒在鱼身上，鱼下锅时，油不会外溅，且鱼皮能保持不破。同理，煎蛋时也可先在热油中撒一些面粉。

3. 去除手、餐具等油污：洗刷油腻的锅、盆等厨具餐具，可以在水中放少量面粉，借助面粉吸附油脂的功能，厨具比较容易洗干净。做饭时手上也会时常沾油污，可抓些面粉放入水中搓洗，不仅可去油污，还可去腥味。

训练任务2：反刀片

【学习目标】

1. 技能目标：通过训练，学生掌握反刀片的训练方法及技能、技巧，为进一步学习其他刀法打下基础。

2. 情感培养：通过训练，培养学生形成一步一个脚印的学习心态。

【问题导入】

分组讨论反刀片和正刀片的区别。

【学习内容】

1）训练方法

左手按原料，中指第一关节微屈，并顶住刀膛，右手握刀。刀身倾斜，用刀刃的中部对准原料被切位置。刀刃从左后方向右前方斜刀片进，使原料断开如此反复。

2）训练要领

刀膛要紧贴左手关节，每片一刀，刀与左手都向左后方移动一次，并保持刀距一致。刀身倾斜角度，应根据加工成型原料的规格灵活调整。

3）适用范围

加工脆性、韧性原料，如黄瓜、苦瓜、白菜梗、豆腐干等。

【训练内容】

训练要求	要求学生训练姿势正确、动作规范，坚持训练直至掌握训练要领为止
训练器具	菜刀、砧板、码斗、盘等
训练方法	教师现场演示→学生现场训练→教师巡回指导→教师评讲学生作品
训练步骤与训练标准/动作要领	掌握反刀片的下刀方法及要领 原料选择→正确运用反刀片刀法加工原料→片断原料

【技能训练】

案例：反刀片切苦瓜

原料配备：苦瓜400克。

训练流程：

苦瓜的选取→一开四去籽→放置在砧板上→左手按原料→右手持刀→刀刃从左后方向右前方斜刀片进苦瓜→片断苦瓜。

训练步骤：

1. 左手伸直按苦瓜，右手持刀将苦瓜一开四，去籽。

2. 刀身倾斜，用刀刃的中部对准苦瓜被切位置。

3. 刀子左后方向右前方斜刀片进，使苦瓜断开，如此反复。

训练要领：

1. 左手四指按住原料，每片一刀，刀与左手都向左后方挪动一次，并保持刀距一致。

2. 刀身倾斜角度，应根据加工成型原料厚薄的规格灵活调整。

3. 反刀片苦瓜时，要用刀刃中部进行切配。

思考与训练：

1. 苦瓜的种类有哪些？

2. 苦瓜怎么样去除苦味？

3. 烹调前为什么要焯水？

【训练步骤图】

反斜刀法

【小知识链接】

苦瓜的功效：

1. 养颜嫩肤。常吃苦瓜能增强皮层活力，使皮肤变得细嫩健美。用鲜苦瓜捣汁或煎汤，对肝火赤目、胃脘痛、湿热痢疾，皆为辅助食疗佳品。取鲜苦瓜捣烂外敷，可治疗痈肿、疗疮。夏天小儿易患痱子，将苦瓜切片擦拭身上的痱子，可早日痊愈。苦瓜煮水或做美食，可散热解暑。

2. 降血糖。蚌肉苦瓜汤是降血糖上品。苦瓜粗提取物含类似胰岛素物质，有明显的降血糖作用。中医认为，苦瓜性味甘苦寒凉，能清热、除烦、止渴；蚌肉甘咸而寒，能清热滋阴、止渴利尿。两者合用，可清热滋阴，适用糖尿病患者和胃阴虚有热者。

3. 养血滋肝。苦瓜味苦，生则性寒，熟则性温。生食清暑泻火，解热除烦。熟食养血滋肝，润脾补肾，能除邪热、解劳乏、清心明目、益气壮阳。吃苦瓜时，应注意不要损伤脾肺之气。尽管夏天天气炎热，但人们也不可吃太多苦味食物，并且最好搭配辛味的食物（如辣椒、胡椒、葱、蒜），这样可避免苦味入心，有助于补益肺气。

任务6 剞刀法

剞刀法是指在加工后的坯料上，以直刀法和斜刀法为基础，切、片成不断、不穿的规则刀纹的综合运刀方法，也称花刀、混合刀法。

剞是综合运用切和片的一种刀法，其作用是在原料上切或片成各种刀纹，但不切断或片断。至于刀纹的深度，应根据原料的性质和用途而定，一般为原料厚度的2/3～3/4。各种剞法，如直刀剞、推刀剞、拉刀剞、斜刀正剞、反刀剞都与直切、推切、拉切、斜刀片、反刀斜片相似，不同的是不把原料切断或片断而已。

由于剞所用原料的性质和具体训练手法不同，剞刀法又可分为麦穗花刀、荔枝花刀、玉米花刀、金鱼花刀、菊花花刀、梳子花刀、蓑衣花刀、松鼠形花刀、葡萄形花刀、直刀剞、斜刀剞等。

训练任务1：麦穗花刀训练

【学习目标】

1. 技能目标：通过对麦穗花刀的训练，学生了解和熟悉麦穗花刀的改刀方法以及在热菜烹调方法中的地位和作用，掌握麦穗花刀的概念、特点、训练方法步骤和要领等。

2. 情感培养：通过训练培养学生从复杂的刀工学会复杂的事情用心做的心态。

【问题导入】

1. 什么是剞刀法？

2. 什么是麦穗花刀？

【学习内容】

麦穗花刀，是使用最广泛、最实用的花刀方法之一。

1）训练方法

原料洗净后，先用推刀剞在原料上剞上一条条平行刀纹，刀与砧板的斜度约40°，深度约2/3。再将原料转70°~80°，用直刀法剞成一条条与斜刀纹交叉的平行刀纹，然后改成宽2.5~3厘米、长4~6厘米的长条（平行块、梯形块、长方块）。加热后，卷曲成麦穗的形状。

2）适用范围

加工猪腰、鱿鱼、墨鱼、肚子等。

【训练内容】

训练要求	动作要求：按照刀工和麦穗花刀的基本要求训练 难点和重点：运刀的方法、刀纹角度和深度的掌握
训练器具	刀具、砧板、码斗、碗、平盘等
训练方法	教师现场演示→学生现场训练→教师巡回指导→教师评讲学生作品
训练步骤与训练标准/动作要领	刀工的基本动作和方法 原料选择→原料改刀→焯水→原料成型

【技能训练】

案例：麦穗刀法切面团

原料配备： 面粉300克。

训练流程：

面粉揉成团→揉成软硬适中切配的面团→在面团里侧剞花刀→改刀→麦穗刀法原料成型。

训练步骤：

1. 将面粉揉成软硬适中切配的面团，用刀片成两片同等的面团。

2. 先用推刀剖在面团里侧剖上一条条斜刀平行刀纹，刀与砧板的斜度约40°，深度约2/3，再将面团转70°～80°，用直刀法剖成一条条与斜刀纹交叉的平行刀纹，然后改成块状。

思考与训练：

1. 训练麦穗刀法时直刀纹为什么要深一些？

2. 怎么控制麦穗刀法切成的原料更加美观？

【训练步骤图】

剖刀法

1. 面粉揉成软硬适合切配的面团方法训练。

2. 改刀时要注意两刀相交叉的角度、刀纹深度和刀间距。

【小知识链接】

麦穗刀法要点：首先要注意刀得快一点，其次是菜板要平整。

麦穗花刀切鱿鱼：

1. 将鲜鱿鱼洗干净。鲜鱿鱼买来一般都呈筒状，我们要用剪刀从不带两翼的一面剪开，使其呈片状。

2. 用手撕去两翼，将鱿鱼里面如塑料般白色的东西（鱿鱼的"脊骨"）以及内脏去除，然后再将背面的一层超薄的黑紫色的皮去掉。鱿鱼须也要去掉外面的黑紫色的皮。

3. 再次将鱿鱼洗干净，准备切拉。

4. 将鱿鱼平铺在案板上，鱿鱼表面有一道明显的痕迹，将其一分为二，这条痕迹是刚才去掉的鱿鱼"脊骨"的位置。

5. 将切开的一半鱿鱼继续平铺在案板上，另一半备用。用刀从鱿鱼的尾处，大头开始向前切直刀，要切成若干平行的条纹，深度为鱿鱼的3/4，千万别切断，每刀的间隔在3毫米左右。

6. 开始切斜刀。从头处开始斜切，刀的角度控制在40°左右，间隔和深度与直刀时一样，切第四刀的时候要将鱿鱼切断。以此类推，直至整片鱿鱼切完。切完后再切另一半。

7. 将切好的鱿鱼放在水里稍微一烫，就会成为麦穗花刀。

训练任务 2：蓑衣花刀法

【学习目标】

1. 技能目标：通过对蓑衣花刀的训练，学生了解和熟悉蓑衣花刀的改刀方法以及在热菜烹调方法中的特点和作用，掌握蓑衣花刀的概念、特点、训练方法、步骤和要领等。

2. 情感培养：通过训练，培养学生明白刀法如做人，事情再复杂，只要用心去做，一定能做好的良好心态。

【问题导入】

哪些菜肴是采用蓑衣花刀加工的？请举例说明。

【学习内容】

蓑衣花刀，也是使用最广泛、最实用的花刀方法之一。

1）训练方法

原料洗净后，先在原料的一面剞直刀，再把原料翻过来，用推刀法剞一遍，其刀纹与正面刀纹呈十字交叉状，两面的刀纹深度均为4/5，经这样加工的原料提起来两面通孔，呈蓑衣状。

2）适宜原料

黄瓜、冬笋、莴苣、豆腐干等。

【训练内容】

训练要求	动作要求：按照刀工和蓑衣花刀的基本要求训练 难点和重点：运刀的方法、刀纹角度和深度的掌握
训练器具	刀具、砧板、碟等
训练方法	教师现场演示→学生现场训练→教师巡回指导→教师评讲学生作品
训练步骤与训练标准/动作要领	刀工的基本动作和方法 原料选择→在一面剞直刀→在另一面剞推刀→刀纹呈十字交叉状→腌制→原料成型

【技能训练】

案例：蓑衣黄瓜

原料配备： 黄瓜400克，盐5克。

训练流程：

黄瓜的选择→进行改刀→腌制→原料成型。

训练步骤：

1. 将黄瓜洗净后，先在黄瓜的一面剞直刀，再把黄瓜翻过来，用推刀法剞一遍，其刀纹与正面刀纹呈十字交叉状，两面的刀纹深度均为4/5即可。

2. 碗内放入盐，放入改好刀的黄瓜，腌至定型，盛入圆平盘内即成。

训练要领:

1. 黄瓜在改花刀时两面刀纹相交的角度一般为10°~30°。

2. 改刀时,两刀刀纹的深度都要超过原料的1/2。

成品特点:

形状美观,形如蓑衣。

思考与训练:

1. "蓑衣花刀"的加工标准是什么?

2. 还有哪些原料可以用蓑衣花刀?请举例说明。

【训练步骤图】

蓑衣刀法

【小知识链接】

单从黄瓜本身来说,黄瓜是好吃又有营养的蔬菜。口感上,黄瓜肉质脆嫩、汁多味甘、芳香可口。营养上,它含有蛋白质、脂肪、糖类,多种维生素、纤维素以及钙、磷、铁、钾、钠、镁等丰富的成分。尤其是黄瓜中含有的细纤维素,可以降低血液中胆固醇、甘油三酯的含量,促进肠道蠕动,加速废物排泄,改善人体新陈代谢。新鲜黄瓜中含有的丙醇二酸,还能有效地抑制糖类物质转化为脂肪。因此,常吃黄瓜可以减肥和预防冠心病的发生。

训练任务3:松鼠形花刀

【学习目标】

1. 技能目标:通过训练,学生掌握松鼠形花刀的训练方法及技能、技巧,为进一步学习其他刀法打下基础。

2. 情感培养:通过训练,培养学生形成一种职业艺术的情操心态。

【问题导入】

1. 松鼠形花刀适合哪些鱼类?

2. 剞松鼠形花刀要注意哪些要领?

【学习内容】

1)训练过程

先逆向斜剞4/5至皮的刀纹,然后顺向直剞4/5至皮的刀纹,交叉90°。

2）训练要领

刀距、深浅斜刀角度都要一致。

3）适用范围

松鼠形花刀是运用斜刀拉剖、直刀剖等方法制作而成的，常用于大黄鱼、青鱼、鳜鱼等原料，适用于炸、熘制作的菜肴，如松鼠黄鱼、松鼠鳜鱼等。

【训练内容】

训练要求	动作要求：按照刀工和松鼠形花刀的基本要求训练 难点和重点：运刀的方法、刀纹角度和深度的掌握
训练器具	刀具、砧板、平盘等
训练方法	教师现场演示→学生现场训练→教师巡回指导→教师评讲学生作品
训练步骤与训练标准/动作要领	刀工的基本动作和方法 原料选择→左手扶按原料→右手持刀→修整原料→逆纤维走向斜剖4/5至皮的刀纹→顺向直剖 4/5至皮的刀纹（交叉90°）→原料成型

【技能训练】

案例：松鼠形花刀（鲩 huàn）鱼

原料配备： 新鲜（鲩）鱼1条，约750克。

训练流程：

选取（鲩）鱼→宰杀→整理→洗净→左手按（鲩）鱼→右手持刀→修整（鲩）鱼→鱼肉面逆纤维走向斜剖4/5至皮的刀纹→顺向直剖 4/5至皮的刀纹（交叉90°）→成型。

训练步骤：

1. 去鱼头后，沿脊柱骨将鱼身剖开，离鱼尾3厘米处停刀，然后去掉脊椎骨，切去胸肋骨。

2. 在两扇鱼肉上剖上直刀纹，刀距约为0.7厘米。进深剖至鱼皮。

3. 用斜刀剖的方法，剖成与直刀或直角相交的刀纹，刀距为0.6厘米，进深也是剖至鱼皮。

4. 加热后即成松鼠形。

训练要领：

1. 选择形体较大肉厚的（鲩）鱼。

2. 刀距要匀称，深浅斜刀角度要一致。

成品特点：

造型美观逼真，形似松鼠。

思考与训练：

炸制松鼠（鲩）鱼的油温应控制在多少度？

【小知识链接】

四大家鱼

青鱼又叫黑鲩，全身有较大的鳞片。外形很像草鱼，但全身的鳞片和鱼鳍都带灰黑色。青鱼的名字也由此而来。它是长江中、下游和沿江湖泊里的重要渔业资源和各湖泊、池塘中的主要养殖对象，为我国淡水养殖的四大家鱼之一。

草鱼又称鲩、油鲩、草鲩、白鲩、草根（东北）、混子、黑青鱼等。

草鱼身体长而"秀气"，体色为青黄色，腹部略显白色。在干流或湖泊的深水处越冬。因其生长迅速，饲料来源广，是中国淡水养殖的四大家鱼之一。

鲢鱼，又叫白鲢、鳊鱼、水鲢、跳鲢、鲢子，属于鲤形目，鲢鱼味甘，性平，无毒，其肉质鲜嫩，营养丰富，是较宜养殖的优良鱼种之一。为我国主要的淡水养殖鱼类之一，著名的四大家鱼之一。

鳙鱼又叫花鲢、黄鲢、胖头鱼、包头鱼、大头鱼、黑鲢、麻鲢、雄鱼。鳙鱼的身体有点像鲢鱼，但头比鲢鱼要大得多，故又名"胖头鱼"；背面暗黑色，并有不规则黑点，因而俗称"花鲢"。鳙鱼的鳞片与鲢鱼相似，细而小，是淡水鱼的一种。有"水中清道夫"的雅称，中国四大家鱼之一。

训练任务4：葡萄形花刀

【学习目标】

1. 技能目标：通过训练，学生掌握葡萄形花刀的训练方法及技能、技巧，为进一步学习其他刀法打下基础。

2. 情感培养：通过训练，培养学生明白做人如用刀的道理。

【问题导入】

1. 什么是葡萄形花刀？

2. 剞葡萄形花刀一般选用什么鱼为好？

【学习内容】

1）训练方法

将原料修成梯形，皮朝下放置，顺长用直刀推剞成一条条刀纹，再转90°角，用斜刀拉剞的方法剞上花纹，深度至鱼皮，但不要切破鱼皮。

2）训练要领

刀距、深浅斜刀角度都要均匀一致。

3）适用范围

葡萄形花刀是用直刀剞的方法制作而成的，常用整块青鱼肉、鲳鱼肉、黄鱼肉等原料，适用于炸熘烹调方法。

【训练内容】

训练要求	动作要求：按照刀工和葡萄形花刀的基本要求训练 难点和重点：运刀的方法、刀纹角度和深度的掌握
训练器具	刀具、砧板、码斗、碟等
训练方法	教师现场演示→学生现场训练→教师巡回指导→教师评讲学生作品
训练步骤与训练标准/动作要领	刀工的基本动作和方法 原料选择→原料改刀→原料成型

【技能训练】

案例：葡萄形花刀剞面团

原料配备： 面粉300克。

训练流程：

选料→修整→45°对角直刀剞→面团换一角度直刀剞→加热后成型。

训练步骤：

1. 每片长约12厘米、宽7～8厘米的块。

2. 45°对角直刀剞，深度为原料的5/6，刀距为1.2厘米。

3. 把面团换一角度，仍用直刀的方法，剞成与第一次刀纹成直角的平行刀纹，刀距与深度与第一次相同。

训练要领：

1. 刀距要匀称，约1.2厘米。

2. 深浅斜刀角度要均匀一致。

成品特点：

形态美观，状如葡萄。

思考与训练：

1. 葡萄形花刀剞青鱼的加工要求是什么？

2. 怎样才能剞好葡萄形花刀？

【训练步骤图】

葡萄刀法

【小知识链接】

葡萄鱼的做法

材料：青鱼肉350克、葡萄汁100克。

辅料：青菜叶4片，鸡蛋1个，面包75克，面粉25克，葱段、姜片各10克，酱油25克，白醋35克，白糖150克，香油、淀粉等适量。

做法：

1. 咸面包掰成碎屑。

2. 葱姜洗净，葱切段，姜切片。

3. 长条形的鱼肉（青鱼）切成梯形，皮朝下横放在砧板上，从肉面下刀，每隔1.5厘米先用直刀刻1/3，再刻上井字花刀，每隔1厘米左右横着刀剞直刀花，刀深均至鱼皮，但不要切破鱼皮，剞好花刀后放入碗内腌制。

4. 将鸡蛋磕入碗内，加入淀粉，用筷子搅打成蛋浆。

5. 取出腌制入味的鱼，蘸上一层蛋浆，再撒上一层面包屑，使其粘满鱼肉及刀缝处。

6. 锅置旺火上，下香油，烧至七成热，将鱼下锅，待炸至淡黄色，鱼皮收缩，鱼肉张开呈葡萄粒状时，捞起装在盘内。

7. 将青菜叶焯水，用刀切成葡萄叶、梗之形，镶在鱼肉旁，呈整枝葡萄状。

8. 在炸鱼的同时，另取锅放在旺火上，放入白糖、白醋、精盐烧开，加葡萄汁（酿葡萄酒的原汁）用湿淀粉勾芡，放入葱段、姜片，再淋上香油，浇在鱼上即成。

任务7　原料的成型方法

训练任务1：块的制作

【学习目标】

1. 技能目标：通过对块的改刀训练，学生了解和熟悉块的改刀方法以及在热菜烹调方法中的地位和作用，掌握块的操作方法、种类、特点、步骤和要领等。

2. 情感培养：通过训练培养学生养成做事如刀，做事干净利落，不要拖泥带水的处事风格。

【问题导入】

分组讨论不同规格块的成型要求。

【学习内容】

块是使用广泛、实用的原料形状之一，常采用切、剁、砍等刀法加工而成。凡质地较为松软、脆嫩或者质地较坚硬但去皮去骨后可以切断的原料，一般采用切的刀法成块。凡原料质地坚硬而且带有皮骨的可以采用剁或砍的方法成块。常见的块有象眼块、大小方块、长方块、劈柴块、滚料块等。

①象眼块。

形状两头尖，中间宽。大小随主料和盛器而定。

②大小方块。

大的在3厘米以上，小的2～3厘米，如红烧肉块边长约3厘米。用于烧、焖等加热时间长的块成型应大一些。有时对块形大的可在其背面剞十字花刀，以利于成熟入味，缩短加热时间。

③长方块。

形如骨牌，一般规格是长4厘米、宽2.5厘米、厚2厘米。还有些特殊菜肴如八宝瓜方的骨牌块形状更大，而烤方、酱方则一块就是一盘大菜。

④劈柴块。

不规则的原料如弯黄瓜、苦瓜等经刀工处理后（如拍后一刹），成为基本一致的长方形块，形如劈好的木柴。

⑤滚料块。

多用于长圆形原料，一边切一边滚动原料，使其成为边长约4厘米的不规则块。

【训练内容】

训练要求	动作要求：按照刀工和块的成型方法的基本要求操作 难点和重点：运刀的方法、块的种类的掌握
训练器具	刀具、砧板、平盘等
训练方法	教师现场演示→学生现场训练→教师巡回指导→教师评讲学生作品
训练步骤与训练标准/动作要领	刀工的基本动作和方法 原料选择→原料改刀→原料成型

【技能训练】

案例1：方块

原料配备：面粉300克。

训练流程：

面团→揉团→改刀→成型。

训练步骤：

将面粉揉成团，用切的方法加工成长方条，再改刀成2～4厘米的方块即可。

训练要领：

1. 注意加工方块。

2. 块的基本动作和方法。

3. 选择适当的刀法加工原料。

思考与训练：

1. "方块"的成型规格是什么？

2. 分组讨论方块的成型方法。

案例2：长方块

原料配备：面粉300克。

训练流程：

面粉揉团→改条→改刀→成型。

训练步骤：

1. 将面粉揉成团，用切的方法加工成一定厚度的长条。

2. 改刀成长3.5～4.5厘米、宽2～2.5厘米、厚0.8～1.5厘米方块即成。

训练要领：

1. 注意加工原料的基本动作和方法。

2. 选择适当的刀法加工原料。

思考与训练：

1. 长方块的加工过程是什么？

2. 长方块的规格要求有哪些？

【训练步骤图】

长方块

训练任务2：片的制作

【学习目标】

1. 技能目标：通过对片的改刀训练，学生了解和熟悉片的改刀方法以及在热菜烹调方法中的地位和作用，掌握片的操作方法、种类、特点、步骤和要领等。

2. 情感培养：通过训练，培养学生领悟做人如切配，做人应有计划地去做好每一件事情，没有规划的人生难以成功的道理。

【问题导入】

分组讨论不同规格的片的成型要求。

【学习内容】

片是使用最广泛、最实用的原料形状之一。成型方法有切、片、削等。如各种肉类宜用推切和推拉切，蔬菜宜用直切，本身形状较为扁薄的原料用斜刀法或平刀法片，如鸡脯肉、

鱼肉、猪肚等。常见的片有菱形片、柳叶片、指甲片等。

①菱形片。

也叫象眼片，是四边相等的平行四边形，边长约3厘米。常用于蔬菜加工。

②柳叶片。

一端呈半圆形，另一端呈尖形，长5～6厘米，厚约0.2厘米。在冷盘和围边中较常见。

③指甲片。

形如指甲小片，边长1.2厘米、厚0.1厘米。如做主料的鸡肉、虾肉，做配料的姜、甘笋、荸荠、冬笋等。

【训练内容】

训练要求	动作要求：按照刀工和片的成型方法的基本要求操作 难点和重点：运刀的方法、片的种类的掌握
训练器具	刀具、砧板、平盘等
训练方法	教师现场演示→学生现场训练→教师巡回指导→教师评讲学生作品
训练步骤与训练标准/动作要领	刀工的基本动作和方法 原料选择→原料改刀→原料成型

【技能训练】

案例1：菱形片

原料配备： 冬瓜1个，约500克。

训练流程：

冬瓜去皮去瓤→修整→改刀→成型。

训练步骤：

1. 将冬瓜刮去硬皮、去瓤、洗净后，先切成较厚的菱形块。

2. 切或劈成边长1.5～3.5厘米、厚0.1～0.3厘米的菱形片（或先切成相应粗细的长方片，再切成菱形片）。

训练要领：

1. 注意加工冬瓜的基本动作和方法。

2. 选择适当的刀法加工冬瓜。

3. 菱形片的长度和厚度要均匀一致。

思考与训练：

1. 菱形片的规格要求是什么？

2. 分组讨论菱形片操作的过程。

案例2：柳叶片

原料配备： 莴苣1根，约150克。

训练流程：

选料→去皮→改刀→成型。

训练步骤：

1. 将莴苣去皮洗净待用。

2. 将莴苣从中间顺长剖开，再斜切成长约6厘米、厚0.1～0.3厘米的片，使其一端呈半圆形，另一端呈尖形。

训练要领：

1. 选用个大的莴苣。

2. 选择适当的刀法加工莴苣。

3. 柳叶片的长度和厚度要均匀一致，形似柳叶。

思考与训练：

1. 柳叶片的规格要求是什么？

2. 分组讨论柳叶片操作的过程。

案例3：指甲片

原料配备：姜50克。

训练流程：

原料选择→原料改刀→原料成型。

训练步骤：

1. 将大蒜头去皮洗净后，切成相应粗细的长条。

2. 切或劈成大小如指甲，边长1.2厘米、厚0.1厘米的片即成。

训练要领：

1. 选用老姜较好。若过大则需要改刀，太小则直接切。

2. 选择适当的刀法加工原料。

3. 指甲片的长度和厚度要均匀一致。

思考与训练：

1. 指甲片的操作步骤是什么？

2. 指甲片适用于哪些原料？

【训练步骤图】

指甲片

【小知识链接】

民间有"早上三片姜，赛过喝参汤"及"十月生姜小人参"之说，还有"每天三片姜，不劳医生开处方"的谚语。生活中的姜除用作调味剂、小食品外，在美容、保健方面也显示出它独特的魅力。

1. 生发防脱发。用生姜浓缩萃取液或者直接用生姜涂抹头发，其中的姜辣素、姜烯油等成分，可以使头部皮肤血液循环正常化，促进头皮新陈代谢，活化毛囊组织，可在一定程度上防止脱发、白发，刺激新发生长，抑制头皮痒，强化发根。

2. 美容防衰老。生姜含有一种类似水杨酸的化合物，相当于血液的稀释剂和抗凝剂，对降血脂、降血压、预防心肌梗死有一定的作用。

训练任务 3：丝的制作

【学习目标】

1. 技能目标：通过对丝的改刀训练，学生了解和熟悉丝的改刀方法以及在热菜烹调方法中的地位和作用，掌握丝的操作方法、种类、特点、步骤和要领等。

2. 情感培养：通过训练，培养学生遇事不乱，把每一件事情做好的心态。

【问题导入】

分组讨论不同规格的丝的成型要求。

【学习内容】

丝是使用最广泛、最实用的原料形状之一。

1）训练方法

切丝时先要把原料加工成片形，然后再切成丝。切时要将片排成瓦楞形或整齐地堆叠起来。

2）训练要领

排成瓦楞形较实用，后法因堆叠过高，切到最后手按不住，容易倒塌。

3）适用范围

只适于豆腐干之类的厚薄、大小、形状较整齐的原料。某些片形较大、较薄的原料，如青菜叶、海带、鸡蛋皮、海蜇等，可先将其卷成筒状，然后再顶刀（逆纹）切丝。

4）常见砧板刀工切丝的尺寸

名称	形状	尺寸：长（厘米）×宽（厘米）×厚（厘米）	制作品种
鸡肉	幼丝	9厘米×0.2厘米×0.2厘米	鸡丝烩鱼翅
	中丝	9厘米×0.3厘米×0.3厘米	鸡丝扒菜胆
	粗丝	9厘米×0.4厘米×0.4厘米	韭黄、笋丝炒鸡丝

名称	形状	尺寸：长（厘米）×宽（厘米）×厚（厘米）	制作品种
猪肉、羊肉、牛肉	幼丝	7厘米×0.2厘米×0.2厘米	三丝烩
	中丝	7厘米×0.3厘米×o.3厘米	五彩炒
	粗丝	7厘米×0.4厘米×0.4厘米	炸、拉油炒
笋、姜	粗丝	7厘米×0.6厘米×0.6厘米	腰肝卷
	中丝	6厘米×0.3厘米×0.3厘米	炒肉丝
	幼丝	6厘米×0.2厘米×0.2厘米	烩羹
	银针丝	6厘米×0.1厘米×0.1厘米	蒸鱼

5）切丝的注意事项

①厚薄均匀，在加工片时注意厚薄均匀。

②原料加工要叠放整齐，不可叠得过高。

③左手按料要稳，右手持刀要稳健洒脱，均匀恰当。

④根据原料性质决定顺切、横切或斜切。

【训练内容】

训练要求	动作要求：按照刀工和丝的成型方法的基本要求操作 难点和重点：运刀的方法、丝的种类的掌握
训练器具	刀具、砧板、码斗、碟等
训练方法	教师现场演示→学生现场训练→教师巡回指导→教师评讲学生作品
训练步骤与训练标准/动作要领	刀工的基本动作和方法 原料选择→批片→切丝→成型

【技能训练】

案例1：切面（粗丝）

原料配备： 高筋面粉200克。

训练流程：

面粉揉成团→软硬适中→将高筋面团用直刀法片成片→将高筋面团斜叠堆砌后切成丝→高筋面团成型。

训练步骤：

1.将高筋面团放在砧板上，用平刀法片成薄片，把薄片斜叠堆砌。

2.用直刀将薄片切成长7厘米、粗细为0.4厘米的丝。

训练要领：

1. 面团批片时，要注意厚薄均匀。

2. 面团加工要叠放整齐，不可叠得过高。

3. 左手按稳面团，右手持刀要稳健洒脱，均匀恰当。

思考与训练：

1. 面团为什么要采用直刀切？

2. 粗丝的成型规格标准是什么？

案例2：高筋面团（中粗丝）

原料配备：高筋面粉300克。

训练流程：

面粉揉成团→将面团用直刀法片成片→将面团斜叠堆砌后切成丝→面团丝成型。

训练步骤：

1. 将面团洗净放在砧板上，用平刀法片成薄片，将薄片斜叠堆砌。

2. 用直刀将薄片切成长7厘米、粗细为0.3厘米的丝。

训练要领：

1. 面团批片时要注意厚薄均匀。

2. 面团加工要叠放整齐，不可叠得过高。

3. 左手按稳面团，右手持刀要稳健洒脱，均匀恰当。

4. 猪、牛、羊采用横丝切。

思考与训练：

1. 切面团丝要注意哪些要领？

2. 中粗丝的成型规格标准是什么？

案例3：土豆丝（细丝）

原料配备：土豆500克。

训练流程：

土豆的选取→将土豆洗净→用直刀法将土豆片成薄片→将土豆片斜叠堆砌后切成丝→土豆丝成型。

训练步骤：

1. 将土豆洗净、去皮后放在砧板上，用平刀法将土豆片成薄片，把薄片斜叠堆砌。

2. 用直刀将薄片切成长7厘米、粗细为0.2厘米的丝。

训练要领：

1. 厚薄均匀，长短一致。

2. 叠放整齐，不可叠得过高，一般采用瓦楞状叠法。

3. 左手按稳土豆片，右手持刀要稳健洒脱，均匀恰当。

思考与训练：

1. 切土豆丝要注意哪些要领？

2. 细丝的成型规格标准是什么？

【训练步骤图】

土豆丝

案例4：姜丝（牛毛丝）

原料配备： 生姜150克。

训练流程：

生姜的选取→去皮→将生姜用直刀法片成薄片→将生姜平叠堆砌后切成丝→姜丝成型。

训练步骤：

1. 将生姜去皮后放在砧板上，用平刀法片成薄片，把薄片斜叠堆砌。

2. 用直刀法将薄片切成长7厘米、粗细为0.1厘米的丝。

训练要领：

1. 生姜批片时要注意厚薄均匀。

2. 生姜加工要叠放整齐，不可叠得过高，一般采用瓦楞状叠法。

3. 左手按稳生姜片，不得滑动；右手持刀要稳健洒脱，均匀恰当。

思考与训练：

1. 切姜丝要注意哪些要领？

2. 丝的成型规格标准是什么？

【训练步骤图】

姜丝

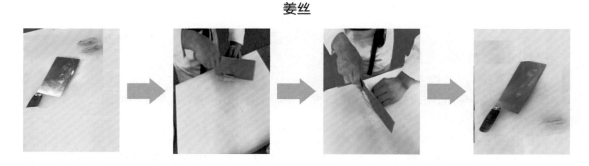

【小知识链接】

生姜为芳香性辛辣健胃药，有温暖、兴奋、发汗、止呕、解毒、温肺止咳等作用，特别对于鱼蟹毒，半夏、天南星等药物中毒有解毒作用。适用于外感风寒、头痛、痰饮、咳嗽、

胃寒呕吐。在遭受冰雪、水湿、寒冷侵袭后，急以姜汤饮之，可增进血行，驱散寒邪。合理地烹调生姜是增强食欲，保证营养不被破坏的关键。

训练任务4：条的制作

【学习目标】

1. 技能目标：通过对条的改刀训练，学生了解和熟悉条的改刀方法以及在热菜烹调方法中的地位和作用。掌握条的操作方法、种类、特点、步骤和要领等。

2. 情感培养：通过训练，培养学生养成做人如用刀，做事做人有条理的良好心态。

【问题导入】

日常饮食生活中，你所知道的哪些菜肴是采用条的加工方法的？

【学习内容】

条是使用广泛、实用的原料形状之一。条比丝粗。成型方法是先把原料片或切成厚片，再改刀切条，也有的是把长条改短。条的种类有大一字条、小一字条、筷子条、象牙条、寸金条等。截面一般在0.6～1.2厘米，长度为4～8厘米。

【训练内容】

训练要求	动作要求：按照刀工和条的成型方法的基本要求操作 难点和重点：运刀的方法、条的种类的掌握
训练器具	刀具、砧板、码斗等
训练方法	教师现场演示→学生现场训练→教师巡回指导→教师评讲学生作品
训练步骤与训练标准/动作要领	刀工的基本动作和方法 原料选择→批片→切条→成型

【技能训练】

案例：**面团条**

原料配备： 低筋面粉300克。

训练流程：

面粉揉成团→将面团改成方形放在砧板上→将面团用平刀片成厚片→面团改刀成长条→面团条成型。

训练步骤：

1. 先将面粉揉成团，然后将面团改成方形放在砧板上，用平刀把面团片成0.8厘米或0.6厘米的厚片。

2. 将片斜叠顺堆切，用直刀法把面团片切成0.8厘米或0.6厘米宽的长条。

训练要领：

1. 批片时，厚薄均匀，长短一致。

2. 面团厚片加工要叠放整齐，不可叠得过高，一般采用平叠法。

3. 左手按稳面团厚片，不得滑动。右手持刀要稳健洒脱，均匀恰当。

4. 根据成菜要求，条的粗细要匀称。

思考与训练：

1. "条"适合哪一种烹调方法？关键是什么？

2. 条的种类有哪些？

【训练步骤图】

长条

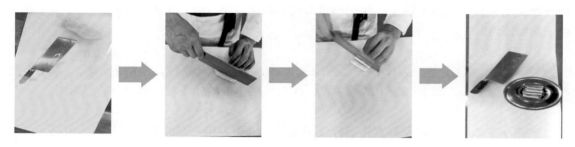

【小知识链接】

仔姜炒牛柳条

用料：牛里脊 200 克，子姜 250 克。

调料：盐 3 克，鸡蛋清 1 小勺，淀粉 1 大勺，蚝油 8 克。

做法：

1. 用小刀将仔姜表皮（浅黄色）刮净，切成细丝，撒上一点盐，和一下备用。

2. 牛里脊切成粗条，加盐、鸡蛋清、蚝油和淀粉和匀静置 20 分钟。下锅前，加 1 大勺食用油拌匀。

3. 炒锅加热至冒烟后熄火，倒入食用油（多一点），立刻放入牛肉条并划散。用热锅冷油将牛肉条拉油至变色后倒出。

4. 锅内留少许油，放入仔姜丝翻炒。调味后，倒入牛肉条炒匀，出锅后装盘即可。

训练任务 5：丁、粒、末的制作

【学习目标】

1. 技能目标：通过对丁、粒、末的改刀训练，学生了解和熟悉丁、粒、末的改刀方法以及在热菜烹调方法中的地位和作用。掌握丁、粒、末的训练方法、种类、特点、步骤和要领等。

2. 情感培养：通过训练，培养学生做人如切配，凡事多角度思考的良好习惯。

【问题导入】

丁、粒、末三者有什么区别?

【学习内容】

丁、粒、末是最基本的原料形状之一。原料切厚片可以改成条,由条可改成丁。原料切薄片可改成丝,由丝可改成末。粒介于两者之间。

1)丁

丁以方形为多,根据烹调和菜肴特点还可灵活加工成菱形丁、橄榄形丁、指甲形丁。一般大丁约2厘米见方,中丁约1.2厘米见方,小丁约0.8厘米见方。充当配料的丁比主料丁小,如宫保鸡丁、青椒肉丁、南乳藕丁等。在加工质地较老的动物性原料时,先用拍刀法将其肌肉纤维组织拍松,再改刀制丁。如用鸡脯肉或鸡腿肉制鸡丁时,用刀背拍松肉,刀尖(或刀跟)割断筋络。

2)粒

粒又称颗,是小型正方体,一般为绿豆大小,大的如黄豆粒,小的似米粒。多用作配料,如清蒸狮子头、襄衣圆子中的荸荠粒,江南生菜包中的榨菜粒、鸡粒、香菇粒等。

3)末

末略小于米粒。可将原料直接剁碎或切成丝后再顶刀切末,如姜末、蒜末、肉馅、白菜馅等。

【训练内容】

训练要求	动作要求:按照刀工和丁、粒、末的成型方法的基本要求训练 难点和重点:运刀的方法,丁、粒、末的种类的掌握
训练器具	刀具、砧板、码斗等
训练方法	教师现场演示→学生现场训练→教师巡回指导→教师评讲学生作品
训练步骤与训练标准/动作要领	刀工的基本动作和方法 原料选择→批片→切条→切丝→切丁、粒、末→成型

【技能训练】

案例1:低筋面团丁

原料配备: 低筋面粉300克。

训练流程:

面粉揉成团→将揉好的面团放于砧板上→将面团切成薄片→将片好的面团加工成长条→加工好的长条切丁→面团丁成型。

训练步骤:

1.将面粉揉成软硬与原料相等的面团,放于砧板上。

2.先将面团用平刀片成均匀、稍厚的片,然后将片叠整齐切成长条,再改刀成丝,最后从切成条的面团的横面上切成1.5厘米见方的丁。

训练要领：

1. 批片时，厚薄均匀，长短一致。

2. 加工要叠放整齐，不可叠得过高，一般采用平叠法。

3. 条与丁要一致。

4. 根据成菜要求，采用不同规格的丁。

思考与训练：

1. 分组讨论加工步骤。

2. 丁的成型规格标准是什么？

【训练步骤图】

粗丁

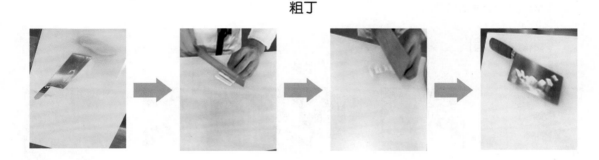

案例2：面粉团粒

原料配备： 低筋面粉300克。

训练流程：

面粉揉成团→用直刀法片成片→斜叠堆砌后切成粗条→面粉条改刀成粒。

训练步骤：

1. 把面粉揉成软硬与原料相等的面团，放于砧板上。

2. 先将面团片成片，切成丝，再将切成丝的面团从横面改刀成型如豌豆大小的粒。

训练要领：

1. 面团批片时要厚薄均匀。

2. 加工要叠放整齐，不可叠得过高，一般采用瓦楞状叠法。

3. 条的粗细要一致。

4. 根据成菜要求，采用不同规格的粒。

思考与训练：

1. 加工牛肉粒要注意哪些事项？

2. 粒的成型规格标准是什么？

案例3：姜末

原料配备： 生姜200克。

训练流程：

生姜的选取→将生姜洗净、去皮批片→生姜切丝→生姜丝切末→生姜末成型。

训练步骤：

1.将姜去皮洗净放于砧板上，将姜用平刀片成薄片。

2.将薄片堆叠在一起后切成丝，再从丝的横面切成形如小米或油菜籽大小的粒。

训练要领：

1.生姜批片时，厚薄均匀。

2.加工要叠放整齐，不可叠得过高，跳刀切成丝。

3.丝的粗细要一致。

思考与训练：

1.姜末的成型规格是什么？

2.末与粒有什么区别？

【训练步骤图】

姜末

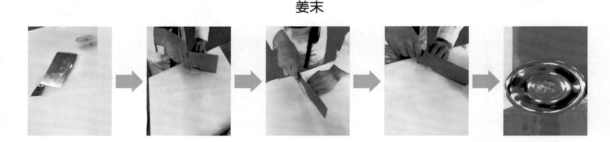

【小知识链接】

姜在中医中备受推崇。按照中医理论，生姜性味辛温，入肺、胃、脾经，主要作用是发表、散寒、止呕、开痰，能够治疗风寒感冒，还可解鱼蟹之毒。因此，患有感冒或容易晕车的人，最好身边常备些姜糖或姜茶，可以起到很好的缓解作用。近年来，关于生姜防治疾病的效果，国外有很多新的研究。研究发现，含较高浓度的姜的食物可以起到止痛的作用，使2/3的关节炎患者减轻病痛。而含姜的食品中具有的6-姜醇可抑制结肠癌细胞的生长。此外，生姜中还含有一种类似"阿司匹林"的物质，它的稀溶液是血液的稀释剂和防凝剂，对降血脂、降血压、防心肌梗死均有一定的作用。因此，研究人员建议，平时多吃点含姜的食品，可以在一定程度上保证人们的健康。

含姜食品一般都会有一股辛辣的味道，这主要是因为生姜中含有姜辣素，它能促进唾液腺和胃肠消化腺的分泌，促进胃肠蠕动，起到增进食欲、帮助消化、调整胃肠功能的作用。因此，平时消化不好、胃肠容易胀气的人，身边也可以常备些姜糖。

训练任务6：肉末的制作

【学习目标】

1.技能目标：通过对肉末的改刀训练，学生了解和熟悉蓉泥的改刀方法以及在热菜烹调方法中的地位和作用，掌握蓉泥的训练方法、种类、特点、步骤和要领等。

2.情感培养：通过训练，培养学生做事如用刀，人生有起有落，但凡事要用心去把它完成，去把它做好。

【问题导入】

末与泥有什么区别？分别适合加工哪些原料？

【学习内容】

蓉泥是使用广泛、实用的形状之一。肉末又称蓉、胶、碎、糊、糁。颗粒比末更为细腻。

1）训练方法

一般是用搅拌器制或切得极细后用刀背锤击而成。

2）适用范围

加工成肉末的荤料为无筋膜的猪里脊、鸡脯肉、净虾肉、鱼肉等，如肉蓉、鱼胶等。

【训练内容】

训练要求	动作要求：按照刀工和蓉泥的成型方法的基本要求训练 难点和重点：运刀的方法、蓉泥的种类的掌握
训练器具	刀具、砧板、码锹等
训练方法	教师现场演示→学生现场训练→教师巡回指导→教师评讲学生作品
训练步骤与训练标准/动作要领	刀工的基本动作和方法 原料选择→剁肉末→成型

【技能训练】

案例：肉末的制作

原料配备：上肉500克。

训练流程：

上肉的选取→将上肉去皮、用手分开→改刀成小块→运用单刀或双刀剁成蓉→肉末成型。

训练步骤：

1.将上肉洗净去皮，肥瘦分开放于砧板上。

2.取瘦肉加工成小块。

3.用单刀或双刀剁成肉末状，至平摊开不见粗颗粒为止。

训练要领：

1.选择适当的刀法加工肉末。

2.剁好的肉末颗粒不粗。

思考与训练：

1. 肉末的规格要求是什么？

2. 调制肉胶有何要求？

【训练步骤图】

肉末

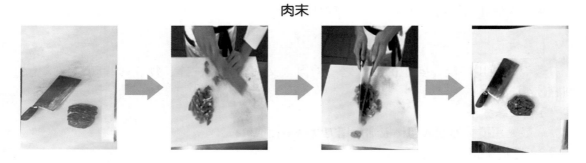

【小知识链接】

瘦肉所含营养成分相近且较肥肉易于消化，约含蛋白质20%，脂肪1%～15%，无机盐1%，其余为水分。一般来说，猪肉、牛肉、羊肉都含较高饱和脂肪，禽肉、鸡及兔肉中含饱和脂肪较少。同时，含无机盐丰富，尤以含铁（红色瘦肉）、磷、钾、钠等较多，唯含钙较少。瘦肉也是维生素B_1、维生素B_2、维生素B_{12}等的来源。瘦猪肉中的维生素B_1含量相当高。民间流传着"肉管三天，汤管一七"的说法，即认为肉汤中的营养高于汤中肉的营养，这种看法需要纠正。肉汤中含有瘦肉中部分水溶性物质，如无机盐和水溶性维生素等；也有少量的水溶性蛋白质和水解产物，如肽和一些氨基酸；还有一些含氮浸出物，如肌酐、肌酸、肌肽和嘌呤等。这些氨基酸和含氮物质能使汤味鲜美，它们溶解越多，汤味越浓，越能刺激人体胃液分泌，增进食欲。但瘦肉中所含的绝大部分营养物质仍存留在肉中，肉的营养价值肯定是比汤高的。因此，不应让老年人和病人只吃肉汤，而舍弃汤里的肉。

面点基本功

项目3　面点的揉面出体手法

　　面点制作基本功是指面点制作过程中所采用的最基础的面点制作技术和方法，包括和面、揉面、搓条、下剂（出体）、成型和熟制等主要操作环节。下面以任务式教学——讲解。

任务1　和面、揉面和搓条的技巧和方法

【学习目标】

　　1. 技能目标：通过训练学生和面、揉面和搓条的手法，学生掌握面团制作的基本技巧和方法。

　　2. 情感目标：通过训练，培养学生坚毅和吃苦耐劳的精神。

【问题导入】

　　1. 面粉到面团的变化是怎样进行的呢？

　　2. 和面的过程中，有哪些需要注意的地方？

　　3. 搓条的过程中，要怎样使力才能使面团搓成均匀的条？

提褶包子
手法

【学习内容】

1）基本要求

①平时注意锻炼身体，多练习哑铃或单手提物以增强体质和持久的臂力和腕力，坚持不

懈地进行和面基本功训练，提高熟练程度，掌握各种和面的训练技能。

②注意个人卫生，不留长指甲，不染指甲，不让面粉到处散落。

③训练过程中注意台面的清洁卫生和各种工具的清洁卫生，避免台面脏乱差情况的出现。

④熟练掌握和面、揉面和搓条的手法，能根据所需的面团的不同用途，灵活使用不同的手法。

⑤要使用正确的训练姿势，在基本功训练过程中，养成高素质的生产观念和规范训练的良好习惯。

2）基本训练手法

手工和面是我们最基本的操作，一般的工序是先开粉窝，主要是面粉过筛后，拿刮板将面粉拨成堆后，放在中间转圈，将中间的面粉向四周以圆圈的形式推拨成窝形，规格一般以放入手掌能自由转动而不碰到面粉为好（但不宜过大），便于操作，之后放入面粉之外的其他原料，整理面窝中原料，便可埋粉。

在埋粉的过程中，分两种手法：

①抄拌法。直接从外向内和面窝中的原料直接混合，之后由下向上伸开手指反复抄拌，使粉和材料充分混合成粒状或雪花片状，常用于热水面团或者温水面团。

②搅和法。直接从内往外，将粉和原料慢慢混合，充分接触之后再全部混合，多用于可以直接用手在窝里面操作的冷水面团或者温水面团。

【训练内容】

训练要求	能熟练、快速地完成面粉到面团的过程，并做到"三光"，即手光、面团表面光、台面光 能熟练地运用各种不同的手法对面团进行操作以适用于不同面点用途
训练用具	量杯、电子秤、刮板、湿毛巾等
训练方法	分组→学生现场练习→教师巡回指导→教师评讲学生作品→小结
训练步骤与训练标准/动作要领	开窝后加水不宜一次性加完所有的水，可先留少量，在揉面团的过程中再根据软硬程度判断是否加完所有水。 在刚开始拌匀水与面粉时，面糊黏手不一定是水分过多，而是面粉还没有完全吸水，可以用手指掐一小块搓捏一下判断所加水是否合适。

【技能训练】

案例：冷水面团的制作

原料配备：面粉。

训练流程：

两脚站稳→身体稍前倾→眼睛注视案板上的面粉→右手握刮板，左手配合操作面团。

训练步骤：

1. 学生站于案台前，自然站立。

2. 身体稍前倾，不要弯腰驼背，身体与案台保持一定的距离，间隔10～15厘米（约一拳宽）。

3. 双目看着台面的面粉等原料，确保和面过程中水不外流，台面干净。

4. 到面粉完全成团后，放下刮板，开始双手揉面团至表面光滑。

5. 搓条时，两手配合均匀使力向两边延伸，保证搓出来的条大小均匀。

【思考与训练】

1. 简述两种和面的手法及操作流程。

2. 如何判断面粉中水的含量是否合适？

【小知识链接】

和面是面点制作的首道工序，也是最基础最重要的一道工序。在面点制作中，和面分为手工和面、机器和面两种。每种面粉的含水量都有所不同，因此，面粉中加进水的量也不是固定的。其中，面粉的吸水量 = 面团的总含水量 - 面粉本身的含水量。

任务2 出体（下剂）

出体是点心制作的重要程序之一，它是关系到成品大小一致的主要操作过程。

【学习目标】

1. 技能目标：通过学习不同的面团出体方法，学生熟练掌握不同面团的出体手法。

2. 情感目标：培养学生的耐心和专注力。

【问题导入】

1. 面团搓条后如何分割处理能更好地进行后面的成型操作？

2. 在出体过程中，如何巧妙地借助工具进行？

【学习内容】

1. 面团的搓条要均匀，保证出体大小均匀。

2. 手出的操作是左手握住搓好的条，右手的拇指、食指和中指用力握住出体的部分，右手3个手指固定的空间大小保持不变，两手快速相切，反复操作之后从左至右将出的胚体排列整齐、紧密。

3. 刀出的操作一般针对没有筋度的面团或讲究酥层的，具体操作为：将开薄的面团或压成大小均匀的面条均匀切成大小一致的胚体。

【训练内容】

训练要求	面团的软硬度要适中，不能偏软或者偏硬。 面团要揉到表面光滑，拉薄至薄膜透明不烂。 摘剂时，两手配合连贯协调，一露一摘。 摘剂时瞬间发力，避免将剂子拉变形。
训练用具	量杯、电子秤、刮板、湿毛巾等
训练方法	分组→学生现场练习→教师巡回指导→教师评讲学生作品→小结
训练步骤与训练标准/动作要领	1. 桌面要撒些干粉防止粘连桌面，便于操作，手尽量粘些干粉，防止粘手。 2. 左手握剂条不能过紧，防止压扁剂条，导致出来的剂子变形。

【技能训练】

案例：冷水面团的出体

教学过程及方法：教师现场讲解、演示→强调训练中的操作安全和台面的卫生问题。

训练步骤：

1. 学生站于案台前，自然站立，把面团揉制出来。

2. 让所有小组成员以小组为单位站好，手持搓好的条依次下剂子，并整齐摆列好，重复操作3~5次。

3. 小组成员之间相互点评、讨论，交流心得，总结在操作过程中可能存在的问题。

4. 组织学生揉匀面团再重复练习，能准确地揪出重量为10~15克的剂子，并且形状要一致。

【思考与训练】

1. 除了本节课学习的下剂子的手法之外，是否还存在其他下剂子的手法？

2. 切剂一般用于无筋度或者筋度比较小的面团，那么，是不是所有的无筋面团都使用切剂的手法呢？

【训练步骤图】

出体

【小知识链接】

面粉分为高筋面粉、中筋面粉和低筋面粉，其中，高筋面粉的面粉筋度为26%，中筋面粉的面粉筋度为24%，低筋面粉的面粉筋度为22%，想要增强面粉筋度可加少量的盐。

任务3　制皮

制皮是将面剂（或者面团）按照面点品种的生产要求或者包馅操作的要求加工成胚皮的过程。

【学习目标】

1. 技能目标：掌握不同面皮的擀制方法和技巧，熟练并快速地擀制出适合使用的面皮。
2. 情感培养：通过训练，培养学生掌握学习方法，在学习中主动沟通，相互探讨。

【问题导入】

1. 饺子皮是怎样制作的？
2. 怎样才能制作出适合包饺子的饺子皮呢？

【学习内容】

1. 熟练灵活地使用擀面杖。
2. 双手灵活配合，用力均匀，不破皮。
3. 擀制直径大小为10厘米厚薄均匀的面皮。
4. 擀制出10厘米中间厚、四周薄的面皮。

【训练内容】

训练要求	剂子用手按稍扁，两面撒上少量干粉，避免粘连，不便于操作。 右手拿擀面杖的1/3处，用力均匀推动擀面杖作用于面坯，左手顺着一个方向匀速转动面坯。
训练用具	量杯、电子秤、刮板、湿毛巾、擀面杖等
训练方法	分组→学生现场练习→教师巡回指导→教师评讲学生作品→小结
训练步骤与训练标准/动作要领	前后推滚动擀面杖，往前推使力，往后推只是把擀面杖顺出来，依此循环至完成面皮的擀制。 用力要均匀，往前推时擀面杖要推到面皮的1/2处。

【技能训练】

案例：饺子皮的擀制

原料配备：面粉。

训练流程：

分组→学生现场练习→教师巡回指导→学生交流学习→学生相互点评→教师评讲学生作品→小结。

训练步骤：

1. 学生站于案台前，自然站立。

2. 身体稍前倾，不要弯腰驼背，身体与案台保持一定的距离，间隔10～15厘米（约一拳宽），右手拿擀面杖，左手拿按扁的小剂子，左手在右手的前面。

3. 双目看着剂子皮，观察其形状的变化，右手推动擀面杖擀制面皮，左手转动面皮。

4. 擀至圆形如碟的皮子，要求大小、厚薄均匀。

【思考与训练】

1. 常见的面点制品，除了饺子皮是使用面杖擀法，还有哪些是使用面杖擀法呢？

2. 除了面杖擀法，还有哪些制作面皮的方法？

【训练步骤图】

制皮

【小知识链接】

除了用手开皮，还可以使用机器开皮，如压面机的使用，这种开皮一般是压制形成大块面皮，厚薄均匀，可用模具扣出圆形的面皮使用，也可切成条制作面条。还有一种特殊的制皮方法——敲皮，是指用棍子在原料（鱼肉、贝类等）上轻轻敲击，使其慢慢展开形成胚皮，如鱼皮馄饨、鲜贝饺子等点心。

任务4 成型（捏法）

成型是面点制作技术的核心操作，从面点的成型方法上讲，中式面点的成型主要是靠手工和一些简单的工具进行，种类多样，灵活多变，制作精巧细致，技术性和艺术性都很强。本节主要介绍面点的手工成型技法。

【学习目标】

技能目标：

1. 熟悉成型工艺的基础知识。

2. 掌握手工成型的操作手法。

3. 了解其他面点的成型手法。

情感目标：

通过训练，学生养成沟通、团结合作的精神。

【问题导入】

提包子的方法有哪些?

【学习内容】

1）提捏法

左手托着面皮和馅料，将面皮对折，皮比馅稍大一点，一边用手捏住三折往前提，再把面皮两边捏住一小部分往前提推，以此类推，两侧对称捏出10～13道皱褶，即秋叶包。

2）提褶捏法

左手托住皮胚呈窝状放入馅心，右手食指和拇指捏住皮胚的边缘，拇指在里（上），食指在外（下），拇指不动，食指右前向后一捏一叠。同时借助馅心的重力向上提，左手与右手密切配合沿顺时针方向转动，形成均匀的皱褶。该方法适用于各式包子。

3）推捏法

左手托皮，右手抹馅，包馅合皮后，右手食指和拇指分别放在两边面皮的外面，拇指这边的面皮要比食指的面皮稍高，两个手指推捏，形成瓦楞形的皱褶，成为月牙形的蒸饺。

4）捻捏法

把圆皮的边向反面三等分折起，在正面放上馅心，提上三个角，相互捏住边形成立体三角饺，用食指和拇指在三条边上捻捏出波浪花纹，将折起来的边翻出即成，要求捻捏出的波浪形要均匀细巧。

5）扭捏法

将加馅胚皮对称折成半圆，用右手食指和拇指将两边捏拢，在形成的边上捏出少许，将其向上翻出的同时向前稍移再捏，依此不断循环将其边全部捏完，形成均匀的绳状花边即成。

【训练内容】

训练要求	馅料要适量，不可偏多或者偏少。 台面要保持干净，不得将面粉散落在地面上，不得在实训场所打闹，不得乱扔面团。 需要筋度大一点的面团可适当加进少量的盐。
训练用具	量杯、电子秤、刮板、湿毛巾、擀面杖等

续表

训练方法	教师现场讲解、演示→强调训练中的操作安全和台面的卫生问题。
训练步骤与训练标准/动作要领	面皮的软硬度要适当，不同的面点品种的制作，所使用面皮的厚薄度不一样，面团的筋度要求也不一样。 操作过程，动作要轻巧，避免成型过程中破皮或者断裂等。

【技能训练】

案例：月牙饺子的造型练习

原料配备： 面粉。

训练流程：

分组→学生现场练习→教师巡回指导→学生交流学习→学生相互点评→教师评讲学生作品→小结。

训练步骤：

1. 每个小组成员揉好面团，摘剂，开皮。

2. 摘剂每个10克，馅心15克面团，开皮直径8厘米，对折面皮，第一边皮（拇指这边）略高于第二边皮（食指那边）。

3. 第一褶只是捏实边角，掐住边角往里推，顺势折出纹路。

4. 不断重复前面的动作，继续往里推捏。面皮里面一侧不要有干粉，背面一侧可以有少许干粉，但不宜偏多。

【思考与训练】

1. 月牙饺与一般水饺的区别有哪些？

2. 月牙饺的成型方法和虾饺的成型方法是否一样呢？

【训练步骤图】

成型

【小知识链接】

食盐是制作面包的原料之一，添加量不大，但是必不可少。其作用是：增加面团面筋的强度，使面筋质地变密，增强面筋的立体网状结构，使面筋便于扩展延伸，同时，能使面筋相互吸附，增加面筋弹性。因此，要增加其筋度，可在低筋面粉中增加盐的使用量，但是盐的添加量一般不超过2%为宜。

中餐菜肴烹饪技法训练

 项目4　冷菜技法训练

任务1 生拌菜肴训练

【学习目标】

1. 技能目标：通过对生拌菜品的实习，学生了解和熟悉生拌在冷菜烹调方法中的地位和作用，掌握生拌的概念、特点、训练内容方法和要领等。

2. 情感培养：通过训练，培养学生明白做人如做菜，五味人生，其中的过程只有自己体会，但做人仍需努力奋斗。

【问题导入】

1. 什么叫拌？拌的种类有哪些？

2. 生拌有哪几种？适合哪些原料？请举例说明。

【学习内容】

生拌是将可食的生料经刀工处理后，直接加入调味汁拌制成为菜品的做法。生拌一般分为两种：

①直接拌。直接拌就是将可直接入口的生料洗涤、消毒，加工成丝、条、片、丁、块等小型形状，加调味品拌和或浇上兑好的调味卤汁而成菜的一种方法。直接拌的原料以鲜嫩的时令蔬菜、瓜果为主，如黄瓜、香椿、香菜、竹笋、白萝卜、胡萝卜等。也可用少许动物性原料，如鱼片、虾片等。成菜具有清香嫩脆、本味鲜美的特点。

②腌拌。腌拌就是将经过刀工处理的原料，先用盐腌一段时间，以排除原料部分水分，再加入其他调料成菜的方法。腌拌适宜于新鲜脆嫩的蔬菜原料，如大白菜、洋白菜、莴苣、

萝卜、茭白、菜头、蒜薹、嫩姜等。原料成型以条、丝、片、段为主。成菜具有清脆入味、鲜香细嫩的特点。

【训练内容】

训练要求	正确运用生拌的烹调方法，并能比较生拌与炝的区别，因料而异制作生拌的菜肴。
训练用具	案板、菜墩、刀具、盛器、调料罐等
训练方法	教师现场演示→学生现场训练→教师巡回指导
训练步骤与训练标准/动作要领	掌握原料成型标准和口味的调制 选料→加工处理→切配→调味拌制→切成装盘

【技能训练】

案例：凉拌青瓜

原料配备： 青瓜300克，花生50克，精盐3克，陈醋15克，生抽5克，味精3克，香油30克。

训练流程：

青瓜选择→加工处理→改刀→调味拌制→装盘。

训练步骤：

1. 将青瓜用淡盐水消毒，间隔削皮。

2. 将青瓜切开，去瓤，切成6厘米的段放盘内，加切好的芫荽、精盐、味精、陈醋、香油拌匀上碟，撒上去皮酥花生即成。

训练要领：

1. 要选新鲜质嫩的青瓜。

2. 青瓜长短粗细要均匀，不可过大或过小。

3. 根据青瓜和陈醋的性质、人们的口味要求灵活进行调味。

成品特点：

青瓜爽脆，白绿相间，整齐美观。

思考与训练：

1. 凉拌青瓜为什么不能放在沸水中烫制？

2. 制作此菜时应选用哪种青瓜？

任务2 熟拌菜肴训练

【学习目标】

1. 技能目标：通过对熟拌菜品的实习，学生了解和熟悉熟拌在热菜烹调方法中的地位和作用，掌握炖的概念、特点、训练内容方法和要领等。

2. 情感培养：通过训练，学生明白做人如做菜，再难的事情，只要有方法，都有解决的办法。

【问题导入】

1. 什么叫熟拌？

2. 熟拌热处理的方法一般有几种？

【学习内容】

熟拌是将加工成熟的凉菜原料，加入调味品调拌成为菜品的方法。

熟拌的原料在拌制前均要进行热处理。热处理后的原料质量，对凉拌菜肴的风味特色有直接的影响。热处理一般有以下几种：

1）炸制

炸制是拌制前较普遍的热处理方法。炸制凉拌的菜品具有滋润酥脆、醇香浓厚的特点，使用于家畜、家禽、豆制品和根茎类蔬菜等原料。炸制前多切为丝、条、片、块、段等刀口形状，动物性原料改刀后通常要调制基础味，并控制调制基础味的咸淡和色泽的深浅。炸制的火力、油温、时间和次数，要根据原料的质地和菜肴的质感决定。

2）煮制

煮制是拌制前最普通、最常用的热处理方法。煮制凉拌的菜肴具有细嫩滋润、鲜香醇厚的特点。适用于禽畜肉品及其内脏、笋类、鲜豆类原料，一般经热处理晾凉后改刀为丝、条、片、丁、块、段和自然形态等规格。

3）水焯

水焯是拌制前常用的热处理方法。水焯凉拌的菜肴具有色泽鲜艳、细嫩爽滑、清香味鲜的特点，使用于蔬菜类原料。水焯根据成熟程度可分为断生和熟透两个层次。捞出原料要迅速浸凉、调制、油拌，使之降温保色。

4）氽制

氽制是拌制前富有质感特色的热处理方法，氽制凉拌的菜肴具有色泽鲜明、嫩脆（或柔嫩）、香鲜醇厚的特点。适用于家畜、家禽内脏及海鲜原料。氽制后的原料要达到嫩脆或柔嫩的质感，氽制后应及时拌制。

5）烧烤

烧烤是将原料带壳或包裹后放入烤箱内烤熟，再撕成小条或片状与调味品拌匀成菜的方法，是拌制前颇有特色的热处理方法。烧烤凉拌的菜肴具有质感嫩脆、柔软或本味醇厚的特点，适用于带皮的茎、果类蔬菜。

6）蒸制

蒸制是拌制前使用较少的热处理方法。蒸制凉拌的菜肴具有软嫩清香、本味浓厚的特点，适用于海鲜及少数茎、果类蔬菜。

【训练内容】

训练要求	正确运用生拌的烹调方法，并能比较生拌与熟拌的区别，因料而异制作生拌的菜肴

续表

训练用具	炉灶、砧板、菜墩、炒锅、炒勺、漏勺、笊篱、刀具、器皿、调料盒等
训练方法	教师现场演示→学生现场训练→教师巡回指导
训练步骤与训练标准/动作要领	掌握熟制方式，刀工处理和口味调制 选料→原料熟制→改刀切配→调味拌制→装盘

【技能训练】

案例：蒜心拌鸡丝

原料配备：蒜心100克，熟鸡肉150克，火腿20克，盐3克，味精2克，香油2克，生抽8克，蒜泥10克，鸡精2克。

训练流程：

鸡肉选择→鸡肉熟制→改刀切配→调味拌制→装盘。

训练步骤：

1. 把熟鸡肉切成4厘米长、0.3厘米粗的丝。蒜心切成4.5厘米长的段，飞水，用凉开水泡透，沥干水分。

2. 把盐、味精、鸡精、香油、生抽、蒜泥调制成汁搅匀。

3. 把蒜心、鸡丝先放入盘内，然后浇上调好的蒜泥拌匀装盘即成。

训练要领：

1. 选用新鲜的原料。

2. 鸡肉熟制时要掌握好鸡肉的嫩度。

3. 鸡丝、蒜心的长短、粗细要均匀。

4. 灵活掌握菜肴的口味。

成品特点：

味鲜，质地脆嫩，爽口。

思考与训练：

1. 怎样制作蒜心熟拌？

2. 煮鸡脯肉时应当掌握什么火候？

【小知识链接】

蒜心又称蒜薹，含有糖类、粗纤维、胡萝卜素、维生素A、维生素B_2、维生素C、烟酸、钙、磷等成分，其中含有的粗纤维，可预防便秘。蒜薹中含有丰富的维生素C，具有明显降血脂及预防冠心病和动脉硬化的作用，并可防止血栓的形成。它能保护肝脏，诱导肝细胞脱毒酶的活性，可以阻断亚硝胺致癌物质的合成，从而预防癌症的发生。蒜薹含有辣素，其杀菌能力可达到青霉素的1/10，对病原菌和寄生虫都有良好的杀灭作用，可以起到预防流感、防止伤口感染和驱虫的功效。

项目5 **热菜技法训练**

任务1 炒制菜肴训练

训练任务 1：炒主食菜肴制作

【学习目标】

1. 技能目标：通过对炒制菜品的训练，学生了解和熟悉炒在热菜烹调方法中的地位和作用，掌握炒的概念、分类、特点、训练方法和要领等。

2. 情感培养：通过训练，培养学生领悟到炒菜如做人，世事无常，但要拥有平常良好的心态。

【问题导入】

1. 炒制方法有哪些？

2. 炒制主食菜肴对原料选择有什么要求？

【学习内容】

炒是将加工成丁、片、丝、条等形状的小型原料，直接放入少量热油锅中利用旺火快速煸炒成熟的烹调方法。

1）训练要点

①一般都选用鲜嫩、易熟的原料。

②主要原料采用不同的方法加热处理。

③按原料用火时间长短依次入锅，一边加热，一边调味，急火操作，快速成菜。

④成品原料以炒香为宜，质地爽脆，味浓香较少。

2）制品实例

炒米粉（各种配料）、炒河粉（各种配料）、炒面（各种配料）等。

【训练内容】

训练要求	动作要求：按照刀工和勺工的基本要求训练 难点和重点：汤汁量的掌握、煸锅和炒勺的运用
训练用具	1.5米双头单尾灶、刀具、砧板、碟等
训练方法	教师现场演示→学生现场训练→教师巡回指导→教师评讲学生作品
训练步骤与训练标准/动作要领	刀工和翻锅基本动作 原料切配成型→炒香料头→炒主料→调味→成菜装盘

【技能训练】

案例1：三丝炒米粉

原料配备：焗好的米粉250克，瘦肉50克。

料头：韭黄、银针、甘笋丝各25克。

调料：盐3克，味精2克，蚝油8克，麻油少许，生抽4克，老抽2克，生油50克。

训练流程：

原料切配成型→炒主料→炒香料头→调味→成菜装盘。

训练步骤：

1. 将猪肉切成长6厘米、宽0.3厘米的丝，韭黄切成4厘米长的段。

2. 锅烧热，放入油烧热，肉丝拉油倒出备用。

3. 放入银针煸炒倒出，烧锅放入米粉炒香，加入肉、料头、调料，迅速翻炒均匀，盛入圆碟内装盘即成。

训练要领：

1. 米粉不可浸焗过度，否则容易粘锅，调味难以均匀。

2. 烹制时要用旺火快炒，使原料增加锅气。

3. 调味时不能一次性调味过重，以防影响味道及美观。

成品特点：

色泽美观，质地爽滑，咸香适中。

思考与训练：

1. 三丝炒米粉的加工要求是什么？

2. 三丝炒米粉是"炒"中的哪种炒法？

案例2：腌猪肉丝

原料配备：切好的肉片0.5千克，盐3克，鸡精3克，味精3克，糖1克，食粉5克，水150克，麻油1克，鸡蛋白半个，料酒3克，生粉15克，胡椒粉等适量。

腌制过程：

1. 将切好的肉片洗净沥水，放入盆中。

2. 除了水、生粉之外，其他所有剩余调料放入肉片中，搓至起胶，水分3次加入，直至把水加完，加入生粉拌匀便可，腌制20分钟可用。

案例3：鸡蛋炒河粉

原料配备：河粉300克，鸡蛋50克。

料头：韭黄、银针、甘笋丝各25克。

调料：盐3克，味精2克，麻油少许，生抽4克，老抽2克，生油50克。

训练流程：

原料切配成型→炒主料→炒香料头→调味→成菜装盘。

训练步骤：

1. 将鸡蛋去壳打散，韭黄、甘笋切成4厘米长的段。

2. 放入甘笋丝、银针煸炒倒出。

3. 烧锅放入鸡蛋炒香，加入河粉炒热，放入料头、调料，迅速翻炒均匀，盛入圆碟内装盘即成。

训练要领：

1. 炒河粉不适合用过细的河粉，否则容易粘锅、易碎，调味难以均匀。

2. 烹制时，要用旺火快炒，使原料增加锅气。

3. 调味时，不能一次性调味过重，以防影响味道及美观。

成品特点：

色泽美观，质地爽滑，咸香适中。

思考与训练：

1. 炒河粉的加工要求有哪些？

2. 炒河粉怎么炒才不碎？

案例4：三丝炒面

原料配备： 飞水碱水面250克，瘦肉50克。

料头： 韭黄、银针、甘笋丝、肉丝各25克，葱丝5克。

调料： 盐3克，味精2克，蚝油8克，麻油、胡椒粉少许，生抽4克，老抽2克，生油50克。

训练流程：

原料切配成型→放入原料炒香→料头→调味→放入料头炒香→成菜装盘。

训练步骤：

1. 将猪肉切成长6厘米、宽0.3厘米的丝，韭黄切成4厘米长的段，葱切丝。

2. 锅烧热，放入油烧热，肉丝拉油倒出备用。

3. 余油放入碱水面炒香，放入料头，调味炒匀，上碟装盘即成。

训练要领：

1. 碱水面不可飞水过度，否则容易粘锅，色泽不均匀。

2. 炒制时，要用中火或中大火，使原料增加锅气，口感香脆。

3. 调味时，不能一次性调味过重，以防影响味道。

成品特点：

色泽美观，质地爽滑，咸香适中。

思考与训练：

1. 三丝炒面的加工要求是什么？

2. 三丝炒面注意哪几个方面的操作细节？

案例5：湿炒肉丝河粉

原料配备： 河粉300克，里脊肉50克。

料头： 韭黄、银针、甘笋丝、肉丝各25克，葱丝5克。

调料： 盐4克，味精4克，蚝油8克，麻油、胡椒粉少许，二汤50克，生粉8克，生抽4克，老抽2克，生油50克。

训练流程：

原料切配成型→放入原料炒香→炒料头→注入二汤调味→勾芡包尾油→成菜装盘。

训练步骤：

1. 将里脊肉切成长6厘米、宽0.3厘米的丝，韭黄成4厘米长的段，葱切丝。

2. 锅烧热，放入油烧热，肉丝拉油倒出备用。

3. 余油放入河粉炒香，调入盐2克、味精2克、生抽4克炒匀上碟。

4. 起锅放入料头炒香，放入二汤，调味勾芡，放入葱丝，尾油淋在河粉面上，装盘即成。

训练要领：

1. 炒河粉时要注意把锅洗净，否则容易粘锅、色泽不均匀。

2. 炒制时要用中火或中大火，使原料增加锅气，口感香脆。

3. 调味时不能一次性调味过重，以防影响味道。

成品特点：

色泽美观，质地爽滑，咸香适中。

思考与训练：

1. 湿炒肉丝河粉的加工要求是什么？

2. 湿炒肉丝河粉注意哪几个方面的操作细节？

案例6：蛋炒饭

原料配备： 米饭200克。

料头： 鸡蛋2个，甘笋、玉米、青豆各25克，葱20克。

调料： 盐3克，味精3克。

训练流程：

原料切配成型→飞水→炒料头→放入米饭→调味→成菜装盘。

训练步骤：

1. 将鸡蛋打散，要彻底打均匀。如果没打散，那么炒的时候，就不容易炒出鸡蛋花。

2. 将葱洗净切葱花，甘笋切粒。

3. 甘笋、玉米、青豆飞水倒出备用。

4. 锅中放油加入鸡蛋炒散，炒香鸡蛋，颜色从浅黄变成深黄、土黄的时候，倒入米饭继续翻炒，米饭炒散后加入料头、调料、葱花翻炒均匀上碟。

训练要领：

1. 炒鸡蛋时应注意，油不要太少，太少了鸡蛋炒不香。油温不要高，中低油温，中小火炒。鸡蛋颜色从浅黄变成深黄。

2. 米饭倒进去以后，快速用锅铲去碾压饭坨，全部碾碎，快速翻炒。

3. 调味时不能一次性调味过重，以防影响味道。

成品特点：

色泽美观，质地爽口弹牙，咸香适中。

思考与训练：

1. 炒饭的加工要求是什么？

2. 炒饭要注意哪几个方面的问题？

训练任务 2：生炒菜肴制作

【学习目标】

1. 技能目标：通过对生炒菜品的实习，学生了解和熟悉生炒在热菜烹调方法中的地位和作用，掌握生炒的概念、分类、特点、训练方法和要领等。

2. 情感培养：通过训练，培养学生懂得做人如做菜，遇事应懂得变通，人生才会更完美。

【问题导入】

1. 炒制方法有哪些？

2. 生炒菜肴对原料选择有什么要求？

【学习内容】

生炒又称煸炒，是将加工成丁、片、丝、条等形状的小型原料，直接放入少量热油锅中利用旺火快速煸炒成熟的烹调方法。

1）训练要点

①一般选用鲜嫩、易熟的原料加工成小型。

②主要原料事先不采用任何方法加热处理。

③按原料用火时间长短依次入锅，边加热，边调味，急火操作，快速成菜。

④成品原料以断生为宜，质地鲜嫩，味清醇，汤汁较少。

2）制品实例

炒肉片（各种配料）、炒肉丝（各种配料）、爆炒（京葱爆）等。

【训练内容】

训练要求	动作要求：按照刀工和勺工的基本要求训练 难点和重点：汤汁量的掌握、煸锅和炒勺的运用
训练用具	1.5米双头单尾灶、刀具、砧板、平盘等
训练方法	教师现场演示→学生现场训练→教师巡回指导→教师评讲学生作品
训练步骤与训练标准/动作要领	刀工和勺工基本动作 原料切配成型→葱姜爆锅→炒主料→调味→淋油→成菜装盘

【技能训练】

案例1：生炒菜心

原料配备： 菜心400克。

料头： 蒜头15克，猪油渣20克。

调料：盐4克，糖1克，味精3克，米酒8克。

训练流程：

原料切配成型→烧锅煸炒→放入料头→调味→勾芡→成菜装盘。

训练步骤：

1. 将菜心切成7~9厘米的段。

2. 锅烧热放入菜心、水、盐煸炒至七八成熟时倒出。

3. 起锅烧热放入冷油，蒜头、猪油渣炒香，放入煸炒好的菜心，攒酒调味，勾芡包尾油上碟装盘。

训练要领：

1. 菜心应先洗再切，尽量避免营养成分的流失。

2. 烹制时要用旺火快炒，使原料保持脆嫩。

3. 调味时不能加醋，以防菜心变黄色，影响美观。

成品特点：

色泽美观，质地脆嫩，口味咸鲜。

思考与训练：

1. 生炒菜心的加工要求是什么？

2. 生炒菜心是"炒"中的哪种炒法？

【 小知识链接 】

菜心种类

在不同的地区，菜心品种不同，栽培时间也不相同。长江流域及以南地区，早熟品种从4月到8月均可播种。播种后30~45天开始采收，从5月到10月为供应上市期。中熟品种从9月到10月播种，播种后40~50天收获，采收供应期为10月至翌年1月。晚熟品种从11月至翌年3月播种，播种后45~55天开始收获，采收供应期为12月至翌年4月。江南地区菜心基本上实现了四季播种、周年供应的目标。

华北地区露地栽培分春、秋两季。春季栽培早、晚熟品种均可，3月到4月播种，4月下旬至6月初采收。早熟品种，8月到9月播种，9月到11月采收。利用保护地栽培时，晚熟品种于10月至翌年2月播种，播种后2个月即可开始采收。华北地区菜心基本实现了周年供应。

案例2：银芽炒肉丝

原料配备：猪里脊肉150克，银芽250克。

料头：葱、姜丝10克，蒜蓉5克。

调料：料酒10克，精盐5克，味精2克，清汤30克，湿淀粉15克，调和油20克，麻油等适量。

训练流程：

原料切配成型→腌制→煸炒→炒主料→调味→淋油→成菜装盘。

训练步骤：

1. 将猪肉切成长6厘米、宽0.3厘米的丝。银芽洗净，切去头和尾。

2. 锅内放入调和油烧至130℃把肉丝拉油至七八成熟倒出。

3. 余油放入银芽、盐翻炒三下去除芽青味倒出。

4. 起锅放入料头炒香加入银芽、肉丝、赞酒（泯酒）翻炒、调味翻炒均匀，勾芡包尾油上碟装盘即成。

训练要领：

1. 银芽应先洗再切，尽量避免营养成分的流失。

2. 烹制时要用旺火快炒，使原料保持脆嫩。

3. 调味后不能炒太久，否则口感较差，影响美观。

成品特点：

色泽美观，质地脆嫩，口味咸鲜。

思考与训练：

1. 银芽炒肉丝的加工要求是什么？

2. 银芽炒肉丝是"炒"中的哪种炒法？

【小知识链接】

绿豆芽

绿豆芽为豆科植物绿豆的种子浸泡后发出的嫩芽。食用芽菜是近年来的新时尚，芽菜中以绿豆芽最为便宜，而且营养丰富，是自然食用主义者所推崇的食品之一。绿豆在发芽的过程中，维生素C会增加很多，所以绿豆芽的营养价值比绿豆更大。

绿豆芽有很高的药用价值，据说第二次世界大战中，美国海军因无意中吃了受潮发芽的绿豆，竟治愈了困扰全军多日的疾病（维生素C缺乏病），这是因为豆芽中含有丰富的维生素C。《本草纲目》：诸豆生芽、皆腥韧不堪，惟此豆之芽，白美独异，今人视为寻常，而古人未知者也。但受湿热郁浥之气，故颇发疮动气，与绿豆之性，稍有不同。

绿豆芽的功效与作用：

绿豆芽性凉味甘，不仅能清暑热、通经脉、解诸毒，还能补肾、利尿、消肿、滋阴壮阳，调五脏、美肌肤、利湿热，适用于湿热郁滞、食少体倦、热病烦渴、大便秘结、小便不利、目赤肿痛、口鼻生疮等症状，还能降血脂和软化血管。

1. 清热解暑。中医认为经常食用绿豆芽可清热解毒，利尿除湿，解酒毒热毒。

2. 消除紧张。具有保护肌肉、皮肤、血管的作用，消除紧张综合征。

3. 治疗口腔溃疡。绿豆芽中含有核黄素，口腔溃疡的人很适合食用。

4. 防治便秘。绿豆芽富含膳食纤维，是便秘患者的健康蔬菜，有预防消化道癌症（食道癌、胃癌、直肠癌）的功效。

5. 减少胆固醇的堆积。绿豆芽有清除血管壁中胆固醇和脂肪的堆积、防止心血管病变的作用。

案例3：芹菜炒肉丝

原料配备： 猪里脊肉150克，净芹菜250克。

料头： 葱、姜丝各10克，蒜蓉5克。

调料： 料酒10克，精盐5克，味精2克，清汤30克，调和油20克，麻油等适量。

训练流程：

原料切配成型→腌制→煸炒→炒主料→调味→淋油→成菜装盘。

训练步骤：

1. 将猪肉切成长6厘米、宽0.3厘米的丝。芹菜洗净，切成4.5厘米长的丝。

2. 锅内放入调和油烧至130 ℃放入肉丝拉油划散倒出。

3. 余油放入芹菜煸炒至七八成熟倒出。

4. 起锅放入料头炒香，加芹菜、肉丝，放入调味料翻炒均匀，上盘装碟即成。

训练要领：

1. 芹菜应先洗、烫后再切，尽量避免营养成分的流失。

2. 烹制时要用旺火快炒，使原料保持脆嫩。

3. 调味时不能加醋，以防芹菜变色，影响美观。

成品特点：

色泽美观，质地脆嫩，口味咸鲜。

思考与训练：

1. 芹菜炒肉丝的加工要求是什么？

2. 芹菜炒肉丝是中的"炒"是指哪种炒法？

【小知识链接】

在生活中，人们习惯把芹菜叶摘掉抛弃，其实芹菜叶中的营养成分远远高于芹菜茎。营养学家曾对芹菜的茎和叶片进行过13项营养成分的测试，发现芹菜叶片中有10项指标超过了茎。其中，叶中胡萝卜素含量是茎的8倍；维生素C的含量是茎的13倍；维生素B$_1$是茎的17倍；蛋白质是茎的11倍；钙超过茎2倍。可见，芹菜叶片的营养价值的确不容忽视。

训练任务3：熟炒菜肴制作

【学习目标】

1. 技能目标：通过对熟炒菜品的实习，学生了解和熟悉熟炒在热菜烹调方法中的地位和作用，掌握熟炒的概念、分类、特点、训练方法和要领等。

2. 情感培养：通过训练，培养学生做人如做菜，遇事应懂得变通，人生才会更完美。

【问题导入】

1. 熟炒菜肴对原料选择有什么要求？

2. 熟炒菜肴有什么特点？

【学习内容】

熟炒是将经过初步熟处理的半熟或全熟的原料，加工成片、丝、条等形状，以少量油为加热介质用旺火煸炒成菜的烹调方法。

1）训练要点

①主要原料提前处理成熟，再改刀成型。

②成品质地软烂，汤汁较少，味型多样。

③猛火快炒，边加热，边调味，成菜迅速。

2）制品实例

姜葱炒肚丝、炒烤鸭丝、西芹炒火腿、五彩百合炒火腿丁、豆干炒韭菜心等。

【训练内容】

训练要求	按照刀工和勺工的基本要求训练 掌握原料的选择和火候的运用
训练用具	1.5米双头单尾灶、刀具、砧板、32寸平碟等
训练方法	教师现场演示→学生现场训练→教师巡回指导→教师评讲学生作品
训练步骤与训练标准/动作要领	原料选择：多用动物性原料 刀工成型：原料初步加工→熟处理→刀工处理→炒制→调制→出锅成菜

【技能训练】

案例：西芹炒火腿

原料配备：西火腿150克，西芹350克。

料头：姜、葱白各15克，蒜蓉5克，甘笋花20克。

调料：精盐5克，糖1克，味精4克，鸡精4克，麻油、胡椒粉等少许，生粉8克。

训练流程：

原料切配加工→初步熟处理→炒制→调味→出锅成菜。

训练步骤：

1. 西芹洗净刮皮去丝，切4厘米菱形件，火腿切长4厘米×宽0.4厘米×0.4厘米的粗条。

2. 起锅放入油倒出，放入西芹、水、盐，猛火快炒至七八成熟倒出。

3. 起锅放入冷油烧至130 ℃，放入火腿拉油倒出。

4. 余油放入料头炒香，放入西芹、火腿，溅酒翻炒，调味炒匀，勾芡包尾油上碟装盘即可。

训练要领：

1. 西芹不可过熟，否则会影响口感。

2. 西芹不适合飞水，飞水西芹淡而无味。

3. 芡汁要均匀，勾芡后不可以炒太久，以免芡汁过老脱落。

成品特点：

红绿相衬，色味俱佳，清香回甜，爽口嫩滑。

思考与训练：

1. 此菜可以用其他原料代替西芹，并以此方法举一反三。

2. 如何判断西芹的成熟度？

【小知识链接】

西芹为2000年前古希腊人作药用栽培，后作香辛蔬菜栽培，经长期培育，成为具有肥大叶柄的芹菜类型。西芹和本芹（中国芹菜）具有相同的营养和食疗价值。

西芹性凉、味甘。实验表明，芹菜有明显的降压作用，其持续时间随食量增加而延长，并且还有镇静和抗惊厥的功效。

西芹一方面含有大量的钙质，可以补"脚骨力"，另一方面亦含有钾，可减少身体的水分积聚。

1. 平肝降压。芹菜含酸性的降压成分，对兔、犬静脉注射有明显降压作用。西芹临床对于原发性、妊娠性及更年期高血压均有效。

2. 镇静安神。从芹菜子中分离出的一种碱性成分，对动物有镇静作用，对人体能起安定作用，有利于安定情绪，消除烦躁。

3. 利尿消肿。芹菜含有利尿有效成分，消除体内钠潴留，利尿消肿。临床上以芹菜水煎可治疗乳糜尿。

4. 养血补虚。芹菜含铁量较高，能补充妇女经血的损失，食之能避免皮肤苍白、干燥、面色无华，而且可使目光有神，头发黑亮。

5. 促进阴茎血液流动。西芹中含有可以溶解血栓、促进血液循环的吡嗪，具有促进阴茎血液流动的功效。

6. 食疗作用。芹菜味甘、苦、性凉，归肺、胃、肝经；具有平肝清热，祛风利湿的功效；用于高血压病、眩晕头痛、面红目赤、血淋、痈肿等症。

训练任务4：滑炒菜肴制作

【学习目标】

1. 技能目标：通过对熟炒菜品的实习，学生了解和熟悉滑炒在热菜烹调方法中的地位和作用，掌握滑炒的概念、分类、特点、训练方法和要领等。

2. 情感培养：通过训练，培养学生做人如做菜，遇事应懂得去变通，人生才会更完美。

【问题导入】

1. 什么是滑炒？

2. 滑炒菜肴的原料是否要上浆，为什么？

【学习内容】

滑炒就是将经过精细加工处理或自然形态的小型原料，通过上浆处理，投入中小油量的温油锅中加热（滑油）成熟，再拌炒入调配料，并在旺火上急速翻炒、淋上芡汁，使其滑爽柔软、芡汁紧裹的烹调方法。

1）训练要点

①选料与加工。滑炒多用猪、牛、羊肉和鸡、鱼、虾肉等的净料，如肉料选用里脊和细

嫩的瘦肉，鸡类选用鸡脯肉，鱼虾以鲜活的为佳。刀工成型以细、薄、小为主，如薄片、细丝、细条、小丁、粒、米等，自然形态小的原料如虾仁，采用原型，较大较厚的要剞上花刀。

②码味上浆。应先码味后上浆，码味的调味品主要是盐、料酒等，上浆主要是淀粉或蛋清。浆的厚薄及上浆后吸浆时间长短，要根据原料的质地、性能而定。

③滑炒。要求火力旺，训练速度快，成菜时间短，需事先或训练时在碗内兑好芡汁，以确定菜肴最后的复合味。

④滑油。滑油要得当，将锅烧热，用油滑锅后下油，一般油温应控制在五成热以下，迅速滑散，待原料变色断生捞起，倒净油。

⑤回锅调味。回锅调味要迅速。回锅调味是滑炒的最后一道工序，其作用有两个：一是再加一次热，使原料完全成熟；二是调味，确定最后口味。滑后回锅调味，与一般生炒方法大体相同，但速度要快，不能在锅内停留时间过长，否则也会变老。为争取时间，调味汁必须事先兑好。当原料滑好回锅停留时间过长，迅速颠翻几下，使调味汁浓稠，均匀裹在原料上，即可出锅。

2）特点

①汁紧油亮。

②色泽以白色为主，也有其他色泽，如深红、鲜红、金黄、浅黄等。

③口味多样，如鲜咸、鱼香、茄汁、酱香、宫保、蚝油等。

④质地柔软滑嫩，清爽利口。

【训练内容】

训练要求	动作要求：按照刀工和勺工的基本要求训练 难点和重点：原料上浆和滑油油温的运用
训练用具	1.5米双头单尾灶、刀具、砧板、码斗、平碟等
训练方法	教师现场演示→学生现场训练→教师巡回指导→教师评讲学生作品
训练步骤与训练标准/动作要领	原料选择：多用动物性原料 刀工成型：原料刀工处理→上浆处理→滑油成熟→旺火翻拌→出锅成菜

【技能训练】

案例：五彩炒鱼丝

原料配备：净鲩鱼肉200克。

料头：香菇10克，香菜梗10克，冬笋20克，红辣椒15克，韭黄10克，葱白15克。

调料：精盐3克，白糖2克，味精2克，料酒8克，蚝油5克，湿淀粉15克，胡椒粉0.5克，二汤35克，芝麻油1克，调和油1 000克（耗约70克）。

训练流程：

原料刀工处理→上浆处理→滑油成熟→旺火快速翻拌→成菜装盘。

训练步骤：

1. 将鲩鱼肉改刀切成长约9厘米、宽0.3厘米的粗丝，加入精盐、味精、料酒和湿淀粉拌匀。

2. 香菇、冬笋、红辣椒、葱白切成长4厘米左右的丝，香菜切成长约4厘米的段。

3. 将精盐、味精、糖、蚝油、胡椒粉加入一个小碗中兑成清汁备用。

4. 将洁净炒锅置于炉火上，倒入调和油用中火加热油温至120～130 ℃时，放入鱼丝将鱼肉滑散至色白成熟倒出。

5. 余油，先加入香菇丝、红辣椒丝、冬笋丝略微煸炒，然后烹入料酒，倒入滑好的鱼丝，加上兑好的调味汁和香菜段、葱丝急火加热，翻炒均匀，上碟装盘即可。

训练要领：

1. 因为饲养鲩鱼肉受热容易收缩，所以切丝时不要太短。

2. 此菜制作时，不要勾芡，否则成菜不清爽。

3. 翻锅时要将鱼丝和配料丝翻炒均匀。

成品特点：

五彩缤纷，搭配合理，洁白嫩滑，咸鲜适中。

思考与训练：

1. 适合制作鱼丝的常见鱼类品种有哪些？

2. 制作五彩鱼丝应当注意什么问题？

【小知识链接】

草鱼

草鱼是我国主要淡水养殖鱼之一，分布广，南北均产，11—12月产量最多。

草鱼味甘性温，有平肝、祛风、活痹、截疟的功效，还有暖胃功能，是温中补虚的养生食品，为淡水鱼中的上品。古人认为，草鱼肉厚而松，治虚劳及风虚头痛，以其头蒸食尤良。草鱼含有丰富的蛋白质、脂肪，并含有多种维生素，还含有核酸和锌，有增强体质、延缓衰老的作用。草鱼是大型鱼，肉厚刺少味鲜美。其肉质白嫩，韧性好，出肉率高，除乌鳢（黑鱼）外，其他种类的鱼肉都不及，是烹制鱼片鱼丝的主要原料。常吃草鱼头可以增智、益脑，但若食用过多会诱发各种疮疥，因此要适量。

训练任务5：软炒菜肴制作

【学习目标】

1. 技能目标：通过对软炒菜品的实习，学生了解和熟悉软炒在热菜烹调方法中的地位和作用，掌握软炒的概念、分类、特点、训练方法和要领等。

2. 情感培养：通过训练，培养学生养成自我创新的精神。

【问题导入】

1. 什么是软炒？

2. 软炒菜肴对原料选择有什么要求？

【学习内容】

软炒就是将主要原料加工成蓉泥状后，用汤或水调制成液态状，放入少量油的锅中炒制成熟的烹调方法。

1）训练要点

①软炒所用的主料，一般是液体或糜状原料，通常以牛奶、鸡蛋和剁成细泥的鸡脯肉、净鱼肉、里脊肉等为主，也可以是一些小型无骨肉料（如鲜虾肉、猪肉、牛肉、鸡肝、火腿等）。

②部分软炒的主料，如鸡肉和鱼虾等，都需剔净筋骨，刮肉锤砸成细泥状，或经熟软后（如豆和薯类），压制成细肉糜才能使用。辅料均切成小片、菱形片或颗粒状。

③软炒的原料入锅前，需预先组合调制，根据主料的凝固性能，掌握好鸡蛋、淀粉、水的比例，是成菜后达到半凝固状态或软固体的前提条件。

④在火候上，要注意先用旺火烧锅，下油滑锅后，要转入中小火。主料下锅后，要立即用炒勺急速推炒，使其全部均匀地受热凝结，以免挂锅边。发生挂锅边的现象时，可顺锅边点少许油，再进行推炒至主料凝结为止。但也不要过分推炒，以免原料脱水变老。

⑤掌握好成菜的色泽和口味，油脂和淀粉应选择白色无异味的。此外，还要考虑辅料、调味品和蜜饯等对菜肴色泽、口味的影响。甜香味软炒菜肴，一定要待原料酥香软烂后，再按菜肴的要求加入白糖和油脂。待糖与油脂完全融化后及时出锅，成菜才会有甜香、酥糯、油润的效果。不能使白糖炒焦变色，还要防止糖受热融为液态而影响菜肴的稀稠度。咸鲜味软炒菜肴，口味宜清淡、鲜嫩、不腻，并控制好油脂的用量。

2）特点

①软炒菜无汁，形似半凝固状或软固状。

②口味主要有咸鲜、甜香两种，清爽利口。

③质地细嫩滑软或酥香油润。

【训练内容】

训练要求	动作要求：按照刀工和勺工的基本要求训练 难点和重点：原料调制和火候的控制
训练用具	1.5米双头单尾灶、刀具、砧板、平盘、汤碗等
训练方法	教师现场演示→学生现场训练→教师巡回指导→教师评讲学生作品
训练步骤与训练标准/动作要领	原料选择：多用动物性原料 刀工成型：蓉状

【技能训练】

案例：滑蛋鸡丝

原料配备：鸡脯肉100克，鸡蛋250克。

料头：香菜末2克，葱花5克。

调料：精盐3克，鸡精2克，料酒10克，味精2克。

训练流程：

鸡肉切配→腌制→拉油→滑炒→成菜装盘。

训练步骤：

1. 将鸡脯肉剔去筋，切丝，加入料酒、味精、盐腌制。

2. 鸡蛋去壳打散调味备用。

3. 起锅放入冷油烧至110 ℃，放入腌制好的鸡丝滑散至刚熟倒出。

4. 把拉好油的鸡丝放入鸡蛋中拌匀，倒入锅内慢火炒至刚熟上碟，撒葱花、香菜末即可。

训练要领：

1. 切配鸡丝时，鸡肉比较细嫩，要顺纤维纹理切鸡丝才美观。

2. 拉油时，油温90～110 ℃，温度过高鸡丝不洁白，不嫩滑。

3. 滑炒时火不可太大，否则容易煳，炒滑蛋锅要干净，避免粘锅煳底。

成品特点：

色泽黄白相间，嫩滑光亮，咸淡适中。

思考与训练：

1. 滑蛋鸡丝成菜特点是什么？

2. 制作滑蛋鸡丝需注意什么问题？

【 小知识链接 】

鸡的种类

鸡大致可以分为5类，即肉用鸡、蛋用鸡、肉蛋兼用鸡、食药兼用鸡以及观赏用的斗鸡。

鸡性平、温、味甘，入脾、胃经；可益气，补精，填髓；用于虚劳瘦弱、中虚食少、泄泻头晕心悸、月经不调、产后乳少、消渴、水肿、小便数频、遗精、耳聋耳鸣等。

1. 强身健体：鸡肉的消化率高，很容易被人体吸收利用，有增强体力、强壮身体的作用。

2. 提高免疫力：现代社会生活节奏快，常处于亚健康状态的白领最好多吃一些鸡肉，以增强免疫力。鸡肉具有温中益气、补精填髓、益五脏、补虚损的功效，用于治疗虚劳瘦弱、中虚食少、泄泻头晕心悸、月经不调、产后乳少、消渴、水肿等症状。

3. 补肾精：可缓解肾精不足所导致的小便频繁、耳聋、精少精冷等症状。

4. 促进智力发育：具有抗氧化和一定的解毒作用。在改善心脑功能、促进儿童智力发育方面，更是有较好的作用。

任务2 炸制菜肴训练

训练任务 1：干炸菜肴制作

【学习目标】

1. 技能目标：通过干炸菜肴的制作，学生了解和熟悉干炸在热菜烹调方法中的地位和作用，掌握干炸的概念、分类、特点、训练方法和要领等。

2. 情感培养：通过训练，培养学生领悟到做人如做菜，掌握炸菜温度，言行有分寸会得到更多的帮助与更好的人际关系。

【问题导入】

1. 干炸为什么要挂糊？

2. 干炸菜肴对原料选择有什么要求？

【学习内容】

干炸是将经刀工处理的原料，加调味品腌制，再拍上干淀粉或挂糊，投入较高油温的锅中炸制成熟的烹调方法。

1）训练要点

①原料烹前要调匀口味。

②调糊要均匀，浓度要适宜。

③原料挂糊四周要均匀，将原料全部包裹。

④一般都是采用湿淀粉糊或全蛋湿淀粉糊。

⑤热油（中温油）逐块下料，温油炸熟，高温油促炸出菜。

⑥成品外焦脆，里软嫩，色泽金黄，食时蘸调味品。

2）制品实例

干炸里脊、干炸虾仁、干炸鱼条、干炸鱼、干炸丸子、干炸萝卜丸子等。

【训练内容】

训练要求	项目特点：油烹法 动作要求：按照刀工和勺工的基本要求训练 难点和重点：挂糊的运用和油温的控制
训练用具	1.5米双头单尾灶、刀具、砧板、平盘等
训练方法	教师现场演示→学生现场训练→教师巡回指导→教师评讲学生作品
训练步骤与训练标准/动作要领	步骤：选料→切配→上粉→烹制→出锅 要领：刀工要均匀，蛋糊要稠，油温掌控在五六成。

【技能训练】

案例：干炸萝卜丸子

原料配备： 白萝卜300克，肉胶100克。

料头： 中芹15克，姜米5克。

调料： 精盐8克，味精3克，胡椒粉等适量，花生油1 000克（实耗50克）。

粘粉料： 面粉150克。

佐料： 噉汁15克，淮盐10克。

训练流程：

选料→初步加工→腌制→制糊→炸制成型→复炸成菜→装盘上桌。

训练步骤：

1. 萝卜洗净切丝，撒入精盐入味，放入漏勺中控净水，加入肉胶料头拌匀，出体30克。

2. 放入面粉中沾匀。

3. 炒锅内倒入调和油，中火烧至160 ℃，将沾匀面粉的萝卜丸子放入炸约1分钟至熟，立即捞出，待油温升至180 ℃时，再放入萝卜丸子稍炸，捞出控油，盛入盘中即成。加淮盐、噉汁蘸食。

训练要领：

1. 萝卜注意控水，否则不利于出体成丸子。

2. 炸制时间要短，第二次入油时，油温要高。

成品特点：

色泽金黄，外酥香，蛎黄肉鲜嫩多汁。

思考与训练：

1. 炸萝卜丸子的关键是什么？

2. 炸萝卜丸子的特点及注意事项是什么？

【小知识链接】

白萝卜

白萝卜是一种常见的蔬菜，其略带辛辣味，是很多人都喜欢吃的食物，而且营养价值比较高，给人身体带来不少好处。白萝卜的功效：

1. 可清热化痰。白萝卜中含有的芥辣油，不仅可以促进消化，还能帮助清除人体内热，具有清热、化痰、止咳的作用。可以辅助治疗包括感冒在内的多种疾病，白萝卜和梨子搭配，是治疗咳嗽的佳品。

2. 可生津止渴。白萝卜中含有较多的水分，食用后可以增加口腔中唾液的分泌量，具有生津止渴的作用。

3. 可开胃消食消胀。白萝卜中的芥子油能促进肠胃蠕动，增加食欲，帮助消化。将白萝卜捣汁饮用，对治疗消化不良、恶心呕吐、腹胀便秘等症状有较好的疗效。

4. 可排毒养颜。白萝卜中含有丰富的膳食纤维，能有效地促进肠胃蠕动，帮助排出体内的毒素和废弃物，缓解便秘，改善皮肤粗糙状况。白萝卜中的维生素C可防止皮肤老化，抑制黑色素色斑形成，常吃白萝卜能保持皮肤白嫩光滑。

5. 可增强免疫能力。白萝卜中含有丰富的维生素C和微量元素锌，特别是维生素C，具有比较强的抗氧化作用，能帮助消除体内有害的自由基，有利于增强机体免疫力，提高抗病能力。

白萝卜是很好的食物，适当食用，有利于身体健康。但是有些人不能吃白萝卜，如脾胃虚寒、慢性胃炎、气虚的人一般不适合食用白萝卜，吃了以后有可能导致病情加重，损害人体健康。

训练任务 2：脆炸菜肴制作

【学习目标】

1. 技能目标：通过脆炸菜肴的制作，学生了解和熟悉脆炸在热菜烹调方法中的地位和作用，掌握脆炸的概念、分类、特点、训练方法和要领等。

2. 情感培养：培养学生刻苦学习、勤于动手和善于思考的习惯。

【问题导入】

1. 脆炸菜肴脆糊怎样调制？

2. 脆炸菜肴对原料选择有什么要求？

【学习内容】

脆炸是将经过加工处理后的原料用调味品腌制，然后挂上脆皮糊入油锅炸制成熟的烹调方法。

1）训练要点

①主配料包裹后炸制时先用高温油进行定型炸，再用温油进行渗透炸，最后用高温油进行吐油炸，同时要用炒勺根据火候情况，翻动包裹成型料，使色泽、成熟度一致，达到外脆里嫩的质感。

②带皮的主料浸煮时要注意切勿弄破外皮，煮时火力不可大，温开即可。主料刷糖浆要均匀，以免炸时上色不匀。风干时要挂在阴凉通风处。炸时，油温不可过高（以免上色不匀或裂皮）并要不断向腹内浇油。

2）特点

①色泽金黄或枣红。

②口味鲜咸、干香。

③质地外脆而鲜嫩。

【训练内容】

训练要求	项目特点：油烹法 动作要求：按照刀工和勺工的基本要求训练 难点和重点：糊的调制和油温的运用
训练用具	1.5米双头单尾灶、刀具、砧板、平碟、码铲等

续表

训练方法	教师现场演示→学生现场训练→教师巡回指导→教师评讲学生作品
训练步骤与训练标准/动作要领	原料选择：多用动物性原料 刀工成型：条、块、片

【技能训练】

案例：脆皮炸鲜奶

原料配备：鲜牛奶250克，玉米淀粉75克。

调料：白糖50克，花生油1000克。

调脆浆：小麦面粉400克，水600克，发酵粉20克，植物油150克，玉米、淀粉、盐等适量。

佐料：椒盐15克，卡芙酱30克。

训练流程：

原料煮制→冷却→切件→调脆浆→烧油→上浆→炸制→上碟装盘。

训练步骤：

牛奶糕的制备：

1. 把牛奶、白糖煮滚，玉米、淀粉混合搅拌均匀，然后倒入锅内。

2. 煮沸后转为文火，慢慢翻动，使其凝固。

3. 呈糊状时铲起放在盘内摊平。

4. 冷却后置于冰箱内，使其冷却变硬。

5. 需要时取出切成7厘米的条状。

脆浆的制备：

1. 将面粉、植物油、水、盐、发酵粉等放在盆内拌匀，调成糊状备用。

2. 将植物油倒入锅中，烧至六成热。

3. 将排骨状的奶糕沾上脆浆，逐渐放入油锅，炸至金黄色捞起上碟。

4. 配椒盐和卡夫奇妙酱分两小碟上桌。

训练要领：

1. 制作炸制牛奶糕生胚时，玉米粉、牛奶的比例要适当，否则生胚不易成型。

2. 煮制牛奶糕时，应在加热时倒入烧开的牛奶，使之受热均匀，不容易煳锅。

3. 牛奶糕生胚挂糊时动作要轻，不要使生胚破碎。

成品特点：

色泽金黄，外酥里嫩，甜香适口，奶香浓郁。

思考与训练：

1. 脆皮炸鲜奶的成菜特点是什么？

2. 制作脆皮炸鲜奶应当注意什么问题？

【小知识链接】

牛奶

有人认为，牛奶越浓，身体得到的牛奶营养就越多，这是不科学的。所谓过浓牛奶，是指在牛奶中多加奶粉少加水，使牛奶浓度超出正常比例标准，也有家长唯恐新鲜牛奶太淡，在其中加奶粉。婴幼儿喝的牛奶浓淡应该与孩子的年龄成正比，其浓度要按月龄逐渐递增。如果婴幼儿常喝过浓的牛奶，会引起腹泻、便秘、食欲不振，甚至拒食，久而久之，会引起急性出血性小肠炎。这是因为婴幼儿脏器娇嫩，承受不起过重的负担与压力，所以牛奶并非越浓越好。

训练任务 3：板炸菜肴制作

【学习目标】

1. 技能目标：通过板炸菜肴的制作，学生了解和熟悉板炸在热菜烹调方法中的地位和作用，掌握板炸的概念、分类、特点、训练方法和要领等。

2. 情感培养：培养学生刻苦学习、勤于动手和善于思考的好习惯。

【问题导入】

1. 板炸菜肴可以用哪些原料制糊？

2. 板炸菜肴对原料选择有什么要求？

【学习内容】

板炸就是将加工处理过的原料，用调味品腌渍，沾上干淀粉或干面粉，裹上蛋液，再滚上面包屑（芝麻、椰蓉、松子仁、花生仁等），用旺火热油炸制成熟的烹调方法。

1）训练要点

①一般选用质地细嫩、鲜味充足的动物性原料为主料，其刀口多为块、片等厚大的状态，也可先将主料加工成肉糜制品，再加工成球丸或饼状，球丸又可用钎子串成串状。原料加工成片状时，一定要在原料的两面剞刀纹，便于成熟和入味，防止原料受热后卷缩。

②原料需腌渍，先沾干面粉或干淀粉或兼而有之，拍沾需均匀，然后挂鸡蛋液，最后再粘挂碎屑料品或粉状料品，粘挂要结实均匀，面包屑粘在主料上，用手轻轻拍一下，可使面包屑黏附主料更牢固。

③如炸制菜肴的数量较大（如大型宴会用），可往鸡蛋液中加入相当于鸡蛋液1/3的凉水，能避免炸制主料时油起泡沫。

2）成菜特点

①色泽金黄。

②外表松酥，主料鲜嫩。

③味咸而鲜美。

【训练内容】

训练要求	项目特点：油烹法 动作要求：按照刀工和勺工的基本要求训练 难点和重点：糊的使用和油温的运用
训练用具	1.5米双头单尾灶、刀具、砧板、平碟、码斗等
训练方法	教师现场演示→学生现场训练→教师巡回指导→教师评讲学生作品
训练步骤与训练标准/动作要领	原料选择：多用动物性原料 刀工成型：大片

【技能训练】

案例：炸吉列鱼块

原料配备：鲩鱼肉250克，面包糠150克。

调料：精盐2克，味精1克，胡椒粉1克，料酒5克，鸡蛋液30克，面粉25克，调和油800克（耗油30克）。

佐料：椒盐15克，卡夫酱30克。

训练流程：

选料→切配→调味→挂糊→整形炸制→码盘→上桌食用。

训练步骤：

1. 将鱼肉切成厚0.5厘米、长7厘米的片，将料酒、精盐、味精、胡椒粉加入肉片腌制约10分钟。

2. 将腌制好的鱼肉片粘干面粉，再蘸匀鸡蛋液，然后裹上面包屑，并用手压紧，制成鱼块生坯。

3. 将炒锅至于炉火上，倒入调和油，用旺火加热至180 ℃时，加入裹好面包屑的鱼肉块生坯炸制，待两面金黄色时捞出。

4. 将炸好的吉列鱼块装盘，配椒盐、卡夫酱上菜即可。

训练要领：

1. 要选用新鲜的鲤鱼肉来制作鱼块。

2. 鱼块生胚制作过程中要适当挤压，可以使面包屑不易脱落。

3. 炸制时要不时翻动鱼块，防止上色不均匀。

4. 炸好的鱼块装碟摆整齐。

成品特点：

肉排色泽金黄，外焦里嫩。

思考与训练：

1. 制作鱼块生胚应当注意什么问题？

2. 炸鱼块的成菜要求是什么？

【小知识链接】

脆肉鲩鱼肉

脆肉鲩鱼肉中的胶原蛋白丰富，是美容的理想天然原料。研究表明，脆肉鲩比草鱼的基质蛋白、肌原纤维蛋白和胶原蛋白分别高出0.9%、18.7%和36.7%。已有大量研究表明，胶原蛋白能增加皮肤的储水能力，维护皮肤的良好弹性，延缓皮肤老化和保持青春活力。

脆肉鲩鱼肉可预防骨质疏松。研究表明，脆肉鲩中钙的含量与草鱼相比提高了17.5%。同时补充钙与胶原蛋白，可有效改善骨质疏松。脆肉鲩中胶原蛋白和钙均比草鱼有显著增加，可以有效起到预防骨质疏松的效用。

脆肉鲩氨基酸营养丰富。研究表明，脆肉鲩鱼肉中所含必需氨基酸和呈味氨基酸含量分别为6.70克/100克和 6.61克/100克，占氨基酸总量分别为39.88%和39.70%。数据表明，其蛋白质质量较佳，具有较高的营养价值。脆肉鲩可与三文鱼和鳗鲡媲美。

参考文献

[1] 朱云龙.冷菜工艺[M].北京：中国轻工业出版社，2006.

[2] 黄明超.中式烹饪工艺（粤菜）[M].北京：中国劳动社会保障出版社，2012.

[3] 王启武.烹饪基本功训练[M].2版.北京：高等教育出版社，2020.

[4] 朱长征.烹饪基本功训练[M].北京：中国劳动社会保障出版社，2018.

[5] 张仁东，许磊.烹饪工艺学[M].重庆：重庆大学出版社，2020.

[6] 唐进，陈瑜.中式面点制作[M].重庆：重庆大学出版社，2021.